本书受国家自然科学基金“多民族混居区民居建筑空间演变机制及再生设计方法研究——以怒江流域为例”（51408470），以及中国博士后科学基金特别资助项目“怒江流域多民族混居区传统民居演变及更新模式研究”（2015T81008）的资助

“绿色乡土建筑研究”系列丛书

怒江流域多民族混居区民居更新模式研究

王 芳 著

中国建筑工业出版社

图书在版编目（CIP）数据

怒江流域多民族混居区民居更新模式研究 / 王芳著 .— 北京：中国建筑工业出版社，2017.9
（“绿色乡土建筑研究”系列丛书）
ISBN 978-7-112-21200-2

Ⅰ . ①怒… Ⅱ . ①王… Ⅲ . ①少数民族—民居—研究—云南 Ⅳ . ① TU241.5

中国版本图书馆 CIP 数据核字（2017）第 219980 号

责任编辑：李 杰 石枫华
责任校对：李欣慰 张 颖

“绿色乡土建筑研究”系列丛书
怒江流域多民族混居区民居更新模式研究
王 芳 著
*
中国建筑工业出版社出版、发行（北京海淀三里河路 9 号）
各地新华书店、建筑书店经销
北京京点图文设计有限公司制版
廊坊市海涛印刷有限公司印刷
*
开本：787×1092 毫米 1/16 印张：9¾ 字数：246 千字
2017 年 10 月第一版 2017 年 10 月第一次印刷
定价：48.00 元
ISBN 978-7-112-21200-2
（30713）

前 言

我国西南山区集少数民族混居区、国家级自然保护区、经济社会发展相对滞后区于一体。复杂的自然环境与社会现象，使得该地区的乡土建筑和聚落发展呈现自身特有的规律。当前，在国家一系列的政策推动下，该地区面临前所未有的机遇和挑战：(1) 2010 年我国将节能减排目标纳入“十二五规划”当中，标志着我国低碳经济进入实质性发展阶段；(2) 少数民族聚集区多为贫困地区，社会主义新农村建设任重道远；(3) 西南横断山脉纵谷区水电开发涉及工程移民，同时当地生态环境恶化也需要对部分原有居民进行搬迁。从西部乡村地区发展现状来看，扶贫工程成为少数民族新民居建设最直接的动因。当前，该地区以混凝土方盒子为主要建筑类型的新民居建设，虽然呈现了大跨越、突变式的发展，但这种民居发展模式，也现出了许多严峻的社会问题，发展前景不容乐观。

本书选取云南省境内怒江中上游（高山峡谷区）为具体研究对象。该地区处于我国西部横断山脉纵谷区的最西段，属我国西南边陲地区。这里集中居住着傈僳族、怒族、独龙族，它们属于人口规模较少的贫困民族。该地区发展潜力大，当前的新民居建设问题突出，对于研究云南省混居区民居更新具有代表意义。

本书应用理论研究与典型民居案例分析、田野调查与物理环境测试的方法，对传统民居及新建民居进行了系统的研究。研究内容及成果集中在以下几个方面：

1. 系统地解读了西部横断山区少数民族建筑文化

主要从族源与山地民族迁徙历史、粗放的农业生产方式、新中国成立前的婚姻形态、混居的少数民族间的交流与压迫、原生宗教信仰及外来宗教文化等五个方面，深入剖析各种社会文化现象对传统民居的影响。

2. 系统地研究了立体垂直气候分区对民居的影响

将立体垂直气候区域下的怒江中上游人居环境分为四个典型类型，分别是：峡谷南部亚热带河谷区、峡谷南部暖温带半山区、峡谷北部暖温带坝子区、峡谷北部暖温带半山区。在此基础上，分别研究不同居住环境下传统民居的建筑类型，揭示了传统民居良好的气候适应性。同时，当前大规模的新建民居正改变着传统地域文化的传承脉络。混凝土技术的推广普及带动了民居的发展但也存在着问题。研究发现，通用技术在面临极端气候条件时，正在经历自下而上的自我调适。

3. 研究不同住区环境下新旧民居的室内热环境问题

通过新旧建筑的对比测试研究，发现传统民居的生态经验存在局限性与可借鉴性；明确了新民居建筑的朝向、空间形式、材料与室内热环境的关系。该研究结论为新民居的设计提供了依据。

4. 在对当地文化因素、气候因素系统研究的基础上提出了“怒江民居”的概念

通过对传统民居建筑文化、气候适应性的研究，发现混居区多民族民居类型的差异不是由民族类型决定的，而是由显著的气候差异决定的，故这些不同民族的建筑类型具有显著的地域共性。这与以往研究少数民族的民居建筑理论不同：以往的研究，都是以民族名称为依据，划分少数民族民居建筑的类型。这些建筑理论用于指导多民族混居区的设计实践具有一定的困难，因此作者提出“怒江民居”的地域概念，该研究结论一方面作为多民族民居地域性的认知总结，另一方面作为民居更新的设计理论基础。在此基础上，系统总结了促进横断山区民居可持续发展的建设策略。

5. 在“怒江民居”建设策略的指导之下，展开了对建筑模式的研究

西南乡村建筑的发展受到各种外力、内因的牵引和推动。从建筑发展的角度，本书完善了建筑模式的含义：包括推动建筑发展的动力机制（建筑的高级模式）；以及建筑模式及模式语言（建筑的低级模式）。指出了怒江流域建筑发展的三种理想模式；并运用建筑类型学方法，对传统民居模式（空间模式、自然环境适应性模式）进行提取、转化，以适应新时代背景之下民居发展的需要。最后，针对四类典型高山峡谷居住环境，进行不同民族的新民居方案设计。通篇研究旨在推动地域性建筑的可持续发展。这一方面保护及延续了弱势的少数民族文化传统；另一方面为保护当地的生态环境作出贡献。

目 录

前 言

第 1 章 怒江流域多民族混居区社会背景与建筑文化 ……1

1.1 民族迁徙与同源异族——傈僳族、怒族、独龙族族源考记 ……1
1.2 生产方式与传统民居 ……3
1.2.1 生产方式由刀耕火种向固定耕地的转移 ……3
1.2.2 原生建筑观——不求恒久，但求实用 ……6
1.3 民族婚姻形态与传统民居……7
1.3.1 傈僳族、怒族婚姻关系制约下的传统民居 ……8
1.3.2 独龙族婚姻关系制约下的传统民居 ……9
1.4 民族交融与传统民居 ……12
1.4.1 民族交融与发展的历史 ……12
1.4.2 以傈僳族文化为主流的建筑文化带（怒江峡谷南部）……13
1.4.3 藏彝文化走廊影响下的建筑文化带（怒江峡谷北部）……14
1.5 宗教信仰与传统民居 ……16
1.5.1 傈僳、怒、独龙族的原生宗教信仰与传统民居 ……16
1.5.2 基督教的社会整合功能下的传统民居 ……21

第 2 章 怒江流域多民族混居区民居建筑类型 ……24

2.1 自然环境与气候特征 ……24
2.1.1 地形地势 ……24
2.1.2 垂直立体气候 ……25
2.1.3 南北水平气候 ……26

2.1.4 住区环境类型分区 …… 27

2.2 典型住区环境下的传统民居类型解析 …… 29

2.2.1 峡谷南部亚热带河谷区传统民居 …… 29

2.2.2 峡谷南部暖温带半山区传统民居 …… 34

2.2.3 峡谷北部暖温带坝子区传统民居 …… 40

2.2.4 峡谷北部暖温带半山区传统民居 …… 45

2.3 混居区当代民居建设 …… 48

2.3.1 民居更新 …… 48

2.3.2 新民居普遍存在的问题 …… 52

第 3 章 怒江流域多民族混居区民居热环境 …… 54

3.1 怒江峡谷南部河谷区民居冬季室内热环境评价与分析 …… 54

3.1.1 研究对象 …… 54

3.1.2 测试方案 …… 55

3.1.3 测试结果 …… 56

3.1.4 热环境评价 …… 59

3.1.5 空间及材料的气候适应性分析 …… 61

3.1.6 结论 …… 61

3.2 怒江峡谷南部暖温带半山区民居冬季室内热环境评价与分析 …… 62

3.2.1 研究对象 …… 62

3.2.2 测试方案 …… 63

3.2.3 测试结果 …… 64

3.2.4 热环境评价 …… 67

3.2.5 空间及材料的气候适应性分析 …… 69

3.2.6 结论 …… 69

3.3 怒江峡谷北部暖温带坝子区民居冬季室内热环境评价与分析 …… 70

3.3.1 研究对象 …… 70

3.3.2 测试方案 …… 70

3.3.3 测试结果 …… 72

3.3.4 热环境评价 …… 75

3.3.5 空间及材料的气候适应性分析 …… 76

3.3.6 结论 …… 76
3.4 当地传统民居的气候适应性 …… 77

第 4 章 怒江流域多民族混居区民居可持续发展建设策略 …… 79

4.1 多民族混居区民居的地域性认知总结 …… 79
4.1.1 认识总结：民居的地域性 …… 79
4.1.2 现象总结："怒江民居"及其应用 …… 80
4.1.3 民居发展解决的问题 …… 82
4.1.4 地域性民居的发展特征 …… 83
4.2 "怒江民居"更新的自然环境及社会背景 …… 87
4.2.1 生态环境变迁 …… 87
4.2.2 社会文化与观念嬗变 …… 89
4.3 "怒江民居"可持续发展建设策略 …… 92
4.3.1 自然环境的适应策略 …… 92
4.3.2 技术的传承与融合策略 …… 95
4.3.3 地域文化的发展策略 …… 100

第 5 章 怒江民居更新模式 …… 104

5.1 建筑模式 …… 104
5.2 怒江民居发展模式 …… 106
5.2.1 旅游产业带动下的民居更新模式 …… 106
5.2.2 自然演变下的民居更新模式 …… 108
5.2.3 易地开发下的新民居建设模式 …… 109
5.3 怒江民居建筑模式语言 …… 110
5.3.1 传统模式语言提炼 …… 111
5.3.2 传统模式语言的继承、转化、创新 …… 116
5.3.3 民居装饰符号的应用探讨 …… 118
5.4 多民族民居建筑模式范例 …… 120
5.4.1 当代怒江民居设计原则 …… 121
5.4.2 福贡县河谷区傈僳族新民居设计方案 …… 124

5.4.3 福贡县高海拔山区怒族新民居设计方案 …………………………………………128
5.4.4 贡山县丙中洛坝子区怒族新民居设计方案 ………………………………………134
5.4.5 贡山县丙中洛高海拔山区独龙族新民居设计方案 ………………………………137
5.4.6 现有建筑的改造方法 ………………………………………………………………140

参考文献 ………………………………………………………………………………………141

后　记 …………………………………………………………………………………………146

第1章　怒江流域多民族混居区社会背景与建筑文化

1.1　民族迁徙与同源异族——傈僳族、怒族、独龙族族源考记

族源问题对于民族学来说最重要，因为民族学要识别每一个民族共同体在各个历史发展阶段上的文化特征。该问题还是其他多个学科的重要需要，例如人类学、考古学、语言学。研究混居区的众多民族族源问题，对于理解民族建筑的特征有重要意义，并有助于探究建筑文化的根源。在20世纪80年代滇西民族走廊（横断山脉民族迁徙走廊）的考察热中，怒江、澜沧江峡谷的傈僳族、怒族、独龙族民族史成为研究的热点。本节结合相关人类学家、民族学家的研究成果，探讨这三个民族的族源问题。

对于这三个民族的民族流变，学术界大多数认为来源于古代氐羌集团乌蛮部落的彝语集团；另有学者根据语言学考证，认为怒江州福贡一带的傈僳族、怒族来源于彝语集团，而贡山一代的独龙族、怒族来源于氐羌系统的景颇语集团（景颇族历史分布在今江心坡一带，地理位置上靠近贡山、西藏察隅地区）[①]。总之，认为它们同属于古代氐羌后裔是没有分歧的（羌在古代是一个包含很多部落的集团，今云南、四川、贵州、西藏都有分布）。

由于历史原因，同一民族曾在不同历史时期称谓会出现变更的情况，因此考察民族源流，重要的依据则是史书中记载的部落分布地区及迁徙情况。从民族迁徙情况看，傈僳、怒、独龙的历史，与古书中记载的“乌蛮”有必然的联系。《资治通鉴》及《新唐书》中均记载，西洱河地区初有“乌蛮”七十部，后相互兼并。在唐开元年间，便只剩下6～8个较大部落，史称“六诏”或“八诏”。根据唐樊绰《云南志》记载，顺蛮、乌蛮等[②]部落参居剑、共诸川（方国瑜先生考证为今邓川以北地区，与旧吐蕃地相连）。唐时该地区成为吐蕃与南诏、唐与南诏的军事必争之地。据记载，

① 王叔武．云南少数民族源流研究[J].云南民族大学学报（哲学社会科学版），1985，1：30-41.

② 另有史学家说当时居住在剑、共诸川地区的还有长裈蛮，认为其也是傈僳族的先民；然其风俗与同一地理的麽些蛮（今纳西族）相似，故是否是傈僳先民，尚难断言。

开元年间及50年之后顺蛮、乌蛮等部落与南诏的两次战争皆失利，其部落被迫迁出。高志英教授考证，这场由战争引起的迁徙一部分向东北，迁往金沙江以北（元北胜府境），另一部分迁往澜沧江流域，并延伸到了碧罗雪山东部福贡县及原碧江县境内。从今天看来，战争并没有湮没本民族的传统文化，相反民族在迁徙过程中传统文化得以保存下来。由战争引发的民族迁徙到了元代则变为由游猎、采集为主的经济生活引发的民族迁徙。见明《景泰云南图经志书》卷四："有名栗粟者，亦罗罗之别种也，居山林，无室屋，不事产业，常常药箭弓弩，猎取禽兽。其妇人则掘草木以给日食；岁输官者，维皮张耳。"

那么顺蛮、施蛮等部落的西迁，何以分化为今天的傈僳、独龙、怒族呢？据文献记载[①]，由于他们进入澜沧江、怒江的路线不同，时间也不同，导致了部落的分化。唐时从洱海地区向怒江流域迁徙的路线主要三条，北路进入贡山、维西一带；中路进入维西地区；南路进入泸水、福贡地区。由于隔绝的自然环境，使迁徙来的民族交流不便，致内部差异增大，到元代则分化出了卢蛮与撬蛮，见《元一统志》丽江路条中："丽江路，蛮有八种，曰麽些、曰白、曰罗落、曰冬闷、曰峨昌、曰撬、曰吐蕃、曰卢，参错而居"。这是怒江流域民族史上的第一次分化。从《元一统志》看，此处记载的撬蛮为从北路进入怒江的施蛮、顺蛮后裔。由于地理位置上靠近西藏，藏语河流称为"曲"，"曲子"即为居住在河边的人，"撬"与"曲"同音异写，故被史书称为"撬"，到了清代被外界称为"求"、"俅"。

怒江流域的第二次民族的分化始于元代以后民族西迁。《元一统志》中记载了卢蛮、撬蛮。卢蛮与今天的傈僳又有何关系？傈僳的族称最早见于唐《云南志》中"栗粟两姓蛮"。傈僳族自称为傈僳，或鲁庶扒，而纳西语中栗粟、鲁庶与傈僳语中意思相同，皆为石生人。据《云南志》及《太平御览所引南夷志》中考证，唐以来，与傈僳族先民接触较多的为纳西族，纳西族与傈僳族先民居住地较近，同时纳西族与外界接触较多，故借纳西语称谓傈僳族先民是可信的，纳西语中栗粟指山区多岩石之地，可见这一族称有一定的地域性。与此同时，傈僳族先民为外界汉族称为卢，指施蛮、顺蛮部落在唐时迁徙到卢北（今金沙江以东）而被汉文古籍广泛地称之为卢蛮。方国瑜先生等学者根据《元一统志》考证分布于怒江的卢蛮为今天之傈僳族。可见，唐史中的"栗粟"、元史中的"卢"均指今天的傈僳族先民。那么怒族先民何在？

《元一统志》中没有"怒"的记载。"怒人"最早直接出现于明清时期的典籍当中，之前的情况如何呢？考证《元一统志》可知，洱海地区的白族在大理时期迁徙到今兰坪及高黎贡山一带，辖知子罗（碧江县）、上帕（福贡县）等地，成为白族支系勒

① 高志英.唐至清代傈僳族、怒族流变历史研究[J].学术探索，2004，8：98-102.

墨人。据高志英考查，白族中“L”“N”发音不分，汉文中的“卢”用兰坪白语就会念成“怒”、“怒苏”，“潞江”也即念成“怒江”。元代，居住在兰坪一带的怒族先民迁出至福贡一带，可从福贡怒族家庭的家谱中考证。到了福贡的卢蛮，远离内地，偏居一方，一直被称之为“卢”，到了明代就以白族的发音称作“怒”，文献中也直接出现了“怒人”的称呼。明清之后因经济生产方式的需求继续前往怒江流域的卢蛮，因原先居住于金沙江流域，受纳西、白族、彝族的影响，较之前迁往怒江的“卢蛮”有很大的差异，同时借纳西族语自称为栗粟，故导致了施蛮、顺蛮后裔的第二次分化，从卢蛮中分化出了傈僳族及福贡兰坪一带的怒族。

综上所述，傈僳族、怒族、独龙族先民在唐代以前为史书中记载的乌蛮部落、顺蛮、施蛮等，唐时居住于洱海邓川以北地区，由于战争迫使向金沙江以及澜沧江流域迁徙。到元代，迁徙活动演变为自发的为了生存需要，向林密果丰、地广人稀的怒江流域迁徙。由于迁徙的路线及迁徙的时间不同，早期迁徙的民族一部分由于地理位置的原因接近西藏地区，故由藏语“曲”代称独龙族先民，以至演化为元朝后期史书中记载的“撬”、“求”、“俅”，到今天的独龙族；后期迁徙的民族较原先迁徙的民族受原居住地洱海一带的白、彝、纳西不同民族的影响而与原先迁徙的民族产生了很大的区别，由此有了怒、傈僳的不同。可见，本书研究的这三个民族，在历史上具有地理环境的相似性、经济生活方式的相似性、族源的同一性。之所以最终形成不同的民族，原因在于受周边白、彝、纳西、汉民族在各个不同历史时期影响程度的区别。因此，也可以说傈僳、独龙、怒族发展到今天，受三方面客观原因的影响制约：(1) 自然环境的制约；(2) 同一区域不同民族的融合；(3) 外民族对其的影响。这对于笔者认识今天怒江流域分布的多类型的民居提供了历史性的证据。

1.2　生产方式与传统民居

1.2.1　生产方式由刀耕火种向固定耕地的转移

“牂牁郡，俗好鬼巫，多禁忌。畬山为田，无蚕桑”(《华阳国志．南中志》)，其中畬田，刀耕火种也；牂牁郡，两汉在贵州西南部和云南东南部所设郡名。可见，刀耕火种是我国西南地区古老的山地耕作方式，已绵延不绝地燃烧了几千年，其特点为“粗放的游耕与轮歇耕作”[①]，包括定耕、刀耕火种及游耕两种形式（图 1-1）。新中国成立前，怒江流域各民族经历了不同程度的刀耕火种向固定耕作转变的历史，

① 尹绍亭．云南山地民族文化生态的变迁 [M]. 昆明：云南教育出版社，2009：3.

刀耕火种至今仍在偏远山区可见。与刀耕火种伴生的原始农业方式有采集、狩猎，后逐渐与固定的生活方式衍生的畜牧业并存。

1. 独龙族

独龙族原始的生产观念以采集狩猎为主、农业生产为辅，农业生产以刀耕火种、粗放耕作为特征。大约在 100 年前，独龙族还盛行集体季节性采集生活，以植物根茎为采集对象。同时狩猎也占一席之地，据独龙族的社会历史调查组进行的访谈，一个人一年收获的野兽肉就有 60 ～ 70 背，足够当时全家 12 口人吃 6 个月①。此外，以游耕为主的刀耕火种为采集狩猎的重要补充。靠原始交换的方式换进的简单铁器，并没有促使其将传统农业方式向固定耕地转变（图 1-2）。由于独龙江地广人稀、土地森林资源丰富，使得独龙人认为刀耕火种反倒比锄耕的固定耕地来的轻便。据 1957 年对独龙江第四村统计，刀耕火种的面积占总土地面积的 78.9%。

图1-1　独龙族一次烧地后捡拢树枝再烧

图1-2　独龙族的砍刀

2. 怒族

怒族在怒江流域南北地区皆有分布，其耕作方式南北存在差异。怒江北部的怒族在 20 世纪 50 年代之前为季节性垂直游耕，从河谷到山顶，垂直气候差异显著，适于耕种的农作物及耕作土地条件也不同，形成了水田、牛犁地、锄挖地、火山地及黄连地五种类型依次垂直向上分布的特征。耕地类型已基本固定，刀耕火种轮歇地比重较小②。

怒江流域南部的怒族，主要分布在福贡县一带。新中国成立前，犁、锄、长刀等铁质工具传入怒江，由于各地自然环境差异显著，铁质工具给生产带来的变革在

① 高志英．独龙族社会文化观念嬗变研究 [M]. 昆明：云南人民出版社，2009：391.

② 尹绍亭．云南山地民族文化生态的变迁 [M]. 昆明：云南教育出版社，2009：106.

各地区甚至各村落差异显著。耕地形态分为固定锄耕耕地以及不固定的火烧地。根据 1956 年云南少数民族调查组调查，原碧江县一区九个自然村的耕地分为牛犁地、手挖地、水田和火烧地，其中牛犁旱地占 14.5%，手挖地占 8.3%，水田占 2.2%，火烧地比重占 75%，火烧地是未固定的耕地。由于山高坡陡，畜牧业的发展也受到限制。与此同时，福贡县处于高黎贡山东侧山麓较平缓山坡的一区木古甲村怒族村落，耕地已大部分固定，其中固定耕地占总耕地的 55%，轮歇的火烧地占 45%，固定耕地的收入为主要生活来源[①]。可见，自然环境及生产工具共同决定着耕地形态。

3. 傈僳族

余庆远《维西见闻录》言，傈僳喜居悬崖绝顶，肯山而种，地瘠则去之，迁徙无常。另有傈僳族口谣“桩头烂，傈僳散，鸟有巢，狼有窝，唯有傈僳吃完这坡赶那坡。”这是对其刀耕火种生活方式的真实写照。16 世纪以来，由于铁锄的出现使人们对土地的占有日益固定。犁耕出现后，人们开始在固定耕地上耕种，这样，逐渐结束了游耕生活，演变为定居生活。20 世纪 50 年代之前，居住于怒江流域的傈僳族早已进入以农业为主的经济发展阶段。生产工具是衡量生产力发展水平的重要标志之一，傈僳族虽已普遍使用铁质工具，但数量少、质量低、结构简单，竹木农具仍是农业生产中的重要辅助农具。土地类型同怒族，主要有水田、牛犁地、锄挖地、火山地。耕作方式仍以刀耕火种、粗放耕作为主。新中国成立后这种粗放耕作方式逐渐被新开发的水田代替（图 1-3）。

图1-3　怒江沿岸开发的水田取代刀耕火种

资料来源：作者自摄

① 云南省编辑委员会 . 怒族社会历史调查 [M]. 北京：民族出版社，2009：20，43.

由上可知，历史上怒江流域各民族皆经历了刀耕火种、粗放耕作的游耕生活，其游耕的方式主要为固定地域游耕[①]，至今在偏远山区仍旧存在。从农业发展的进程看，直至新中国成立前独龙族的刀耕火种的游耕农业方式仍然占着很大的比例，作为采集狩猎的重要补充；怒江北部及福贡的怒族生产力较独龙族先进，出现了不同程度的固定耕地，耕种方式主要为季节性游耕，代表着人们已经开始半定居生活；怒江南部的傈僳族人口规模大、社会发育程度都较先进，固定耕地已经成为主要的农业方式，人们早已进入定居的生活方式。由于各民族的耕作技术主要是刀耕火种及粗放耕作，粮食产量远不能满足日常需求，20 世纪 50 年代普遍处于食不果腹的生活水平，需要通过采集、打野味等方式补充生活来源。漫长的游耕方式产生的迁徙生活以及定居后生产力水平的缓慢增长，决定了怒江地区的传统民居始终保留着随地迁徙的特性，并在漫长的人类居住历史进程中发展缓慢。

1.2.2 原生建筑观——不求恒久，但求实用

长期迁徙的生活方式，加之尚不先进的生产力，使得人们的首要任务就是解决吃饭生存的问题，原始农业以及祭祀活动成为生活的全部，供人们休憩的居所自然没能够脱离农业生产的范畴。作为农业生产的一部分，居住建筑的发展长期停滞不前，直至今天仍然被打上“原生态”的烙印。迁徙、游耕的农业生产方式、万物有灵的原始宗教信仰以及频发的山区自然灾害，例如泥石流、山体滑坡等，使人们形成了“不求恒久，但求实用”的原生建筑观，具体体现在如下两个方面：

1. 不追求使用年限。怒江中游的少数民族传统住屋使用寿命普遍较短，只要在耕地时期内满足居住即可，使用期限短则一年，多则三五年。经常会出现这种问题：即使房屋没有出现问题，由于迁徙的要求不得不放弃，或者房屋易于拆迁，便于举家搬移。贡山的怒族、独龙族木楞房墙体每层木头上随处可见标有“方位 + 数字”或者本民族文字记录的标记，这样便于按照构件顺序快速连接，重新复制房屋，并且可以节省木材。独龙江南部的孔目、孟底、马库一带的独龙族以及泸水、福贡一带的傈僳族、怒族，由于所处气候温暖，人们居住的房屋为“千脚落地”的干栏式竹篾房，房屋就近选用细小竹木杆件，四壁以竹篾裹围，杆件之间以搭接、捆绑固定。这种房屋使用寿命短，连续使用 3 年即破旧不堪，即使周围土地仍可以耕作，房屋也要重新修建。由于没有房屋束缚的因素，住所完全取决于耕地，正所谓“人随地走，就地而耕”。

① 尹绍亭．云南山地民族文化生态的变迁 [M]. 昆明：云南教育出版社，2009：104. 固定地域游耕，就是在村寨所辖境内的游耕，这类游耕居民虽然也经常搬迁，但并不越出本村寨的土地范围。

2. 实用性。正因为达不到恒久的要求，才会在有限居住期内追求实用的目的。在最不易生存的高山环境下，各少数民族住屋的实用性主要体现在：(1) 材料来源于“身边”。千脚落地式住屋正是为了应对林木缺少的高山陡坡环境，所选木料直径较细，约为 10cm，用一把砍刀即可备足房屋所需全部用料。由于住屋随处可见绑扎的杆件、手工编织的竹篾墙体、地板，故视觉上呈现强烈的编织效果（图 1-4、图 1-5）。(2) 在高山林地建房受地形的制约，房屋几乎没有院落。为了在有限的空间内将所需要的各种功能一并到位，贡山怒族、傈僳族的房屋竖向空间依次为牲畜空间—人的居住空间—食物储存空间，达到空间高度整合，而且利用地形，留出有限的平地供日常活动。众多的文献记载说明，实用是史前建筑的最高追求，而人们对这种追求，一直延续至今；(3) 分体住宅。独龙江北部的传统民居受气候及藏民居的影响为木楞房，使用年限较长。由于其耕作的土地分布在江东及江西，江的两侧之间山路险恶，需攀天梯、爬栈道、渡溜索往返跋涉，房屋不可能搬走，因此该地区的民族在江东和江西各建一座房屋，每四五年搬迁一次。贡山福贡一带实行季节性垂直游耕的怒族，耕作的土地范围从河谷至山巅，垂直气候变化显著，来回交通不便，因此这一带的怒族人家都建有两个居所，一个在江边或山腰温热气候带，一个在山顶严寒气候带，一年中根据农业的需要，夏入高山、冬入深谷，形成有规律的半定居生活。

图1-4　贡山傈僳族千脚落地房

图1-5　福贡干栏式竹篾房

1.3　民族婚姻形态与传统民居

恩格斯提出在原始社会中，社会制度在受劳动发展阶段制约的同时，又受家庭发展阶段制约的理论。可见研究家庭制度或者婚姻形态，有助于弄清怒江地区的社会形态。同时，摩尔根提出，婚姻形态决定家庭形式，故研究婚姻形态，可以帮助我们理解怒江各民族的居住方式。由此，本小节建立“社会关系——婚姻形态——住屋方式”的研究思路。根据新中国成立之后对怒江地区的多次实地调研及相关论著，得知新中国成立前夕怒江地区的各民族所在村落尚存在多种婚姻形式。

1.3.1 傈僳族、怒族婚姻关系制约下的传统民居

1. 怒族的婚姻关系

根据1951年及1956年对怒族社会的两次社会调查得知，怒族的婚姻基本上实行一夫一妻的个体家庭制。配偶的婚配关系则刚步入普那路亚[①]的初期阶段，即其配偶只排除亲生父母、子女、亲兄弟姐妹之间的婚配，包括叔伯兄弟姐妹，不同辈分亲姑侄、亲叔侄女、亲舅甥女均可配婚。另外怒族尚有公房制的习俗，公房制为原始群婚的残余，是指氏族实行族外婚后，为本氏族的妇女与外氏族的男子婚配，提供固定的社交场所。条件好的村社，男女都各自有“公房”，新中国成立后这种现象消失。此外怒族社会还保留有转房的习俗，公公可以娶儿子夭亡所遗存的儿媳，儿子可以娶父死后所遗留的妾等。转房制手续简单，只需当事人杀猪煮酒请一次客便算履行手续。寡妇可以外嫁，但只有在夫家兄弟不愿意接受转房时方可外嫁，外嫁所得彩礼全部归亡夫家[②]。同时，新中国成立前婚姻中的买卖交易也兴盛了起来。如果说个体小家庭的存在，尚不能说明是私有制确立、阶级社会的产物，那么买卖婚姻则本身是由是私有制产生的[③]。由于过去怒族“讨男子”风俗的存在，说明怒族曾经经历母系氏族公社阶段；多种婚姻形式的存在以及个体家庭为主的社会组织形式说明新中国成立前怒江社会处于父系家庭公社解体的小家庭阶段，同时原始血缘婚遗风尚在，私有制亦已萌生。由于近亲婚配的存在，势必可以想象怒族村落主要起维系作用的是血缘组织—家庭公社，同时由于个体家庭、婚姻买卖的盛行，地域组织的村落形式逐渐打破了现有的血缘组织，其村落的行政代表也由家庭公社的家长发展为家族公社头人[④]。

怒族的个体家庭，只要儿子结婚，就要分居，其父母只留小儿子或独生子同居，一般都是两亲及其子女。个体家庭反映在房屋形式上则为新中国成立前大量存在的

① 对于普那路亚婚姻，恩格斯解释：一列兄弟——同胞的或血统较远的——则跟若干数目的女子（只要不是自己的亲姊妹）共同婚姻，这是古典形式的家庭结构。

② 云南省民族事务委员会编．怒族文化大观 [M]. 昆明：云南民族出版社，1999：59.

③ 时佑平．怒族、傈僳族是否经历过氏族制 [J]. 民族学研究，1983：10-25.

④ 头人的职责是管理氏族（家族）公社内部事务，排除氏族内部与氏族之间的纷扰，对外领导群众抵抗异族的压迫与掠夺。头人没有特殊的权利，亦不世袭。参见杨鹤书．云南怒族的氏族与血族部落残余研究 [J]. 云南社会科学，1982.（6）：64.

单间式及两间式房屋（图 1-6）。两间者，一间为外间，兼子女卧室、煮饭、会客；另一间为内间，兼父母居住、储藏之用。家庭中除了幼子的其余儿子结婚前则就近建新房，新房建成后才能进行结婚[①]，结婚后父母分粮食、饮具和生活用具，一个新的家庭成立了。这样有血亲关系的亲属在地理位置上就近彼此靠近，形成血缘组织的村落格局。

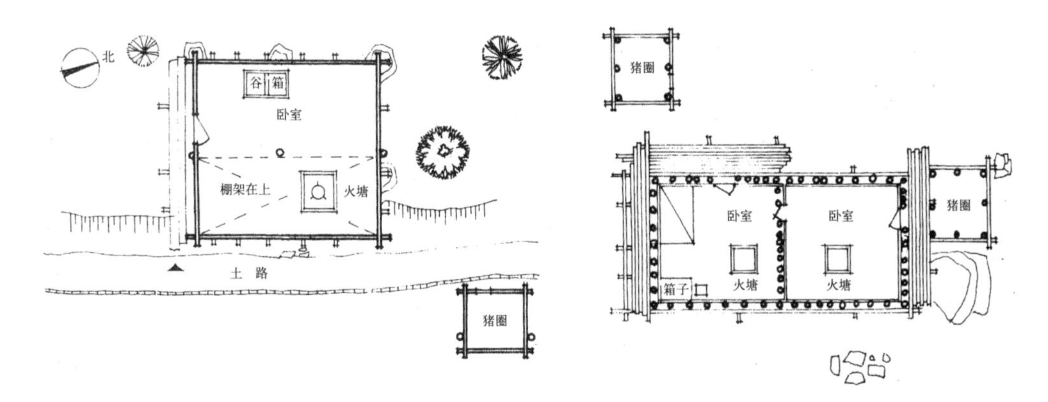

图1-6　怒族单间及双间式传统民居

2. 傈僳族的婚姻关系

1957 年以前对傈僳族进行过比较广泛的调查，其调查结果发现傈僳族的婚姻制度与怒族基本上相同：一夫一妻制是傈僳族婚姻的主要形式，但也保留一些原始群婚的残留，即除亲生父母、亲生兄弟姐妹外，其余亲叔伯兄弟姐妹或年龄相等的上下辈均可婚配以及“公房制”。傈僳族的家庭习俗同怒族一样，包括父权制、赡养父母、幼子继承权等。除赡养父母的子女外，其余子女由父母分送一些生活用品和生产资料，婚后另起炉灶，独立成家[②]，这种家庭分家习俗与怒族相似。与一夫一妻对应的是一至两间组成的独立式住宅，这种住房规模供一个家庭居住，可容纳二至三代。一间者全家同居于其中；两间者外间用来煮饭、待客和兼子女卧室，内间是父母卧室，兼贮存粮食（图 1-7）。

1.3.2　独龙族婚姻关系制约下的传统民居

20 世纪前半叶，为适应个体经济的发展，独龙族婚姻形式由多偶婚发展到一夫

① 云南省民族事务委员会编．怒族文化大观 [M]. 昆明：云南民族出版社，1999：59.

② 吴金福，李先绪，木春荣．怒江中游的傈僳族 [M]. 昆明：云南民族出版社，2001：113.

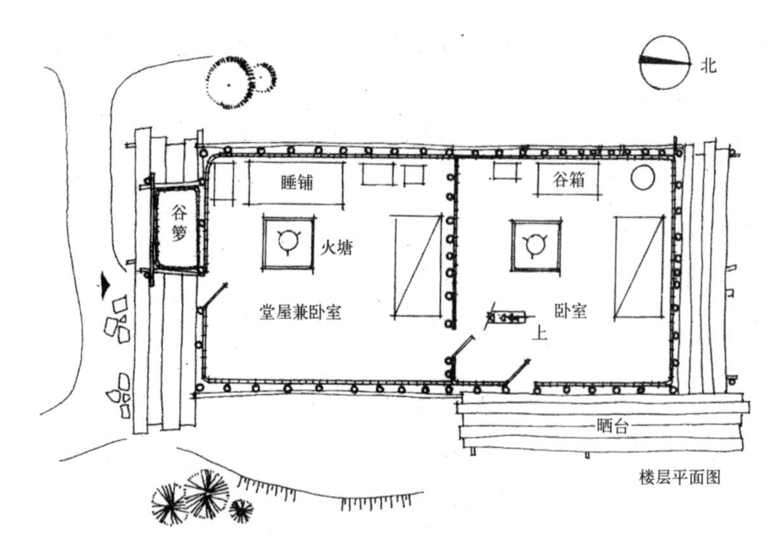

图1-7　傈僳族里外套间式传统民居

一妻制的个体家庭，但在家族环状外婚总的婚姻制度下，妻姊妹婚、非等辈婚、转房婚及家长一夫多妻制等多种婚姻形式并存，从社会形态上体现了从原始社会的母系氏族公社向父系氏族公社，进而向奴隶社会初期过渡的特点。20 世纪 50 年代以前，独龙江河谷已经有 15 个氏族以及其下的 50 多个家族，各个家族婚姻的主要制度为家族环状外婚。家族环状外婚虽不是氏族外婚，但同样起到了血缘阻隔的性质。独龙族“家族外婚，是氏族外婚的继续，即血缘相近的家族，或姑妈的女儿是不能通婚的，他们只与母系——舅家开婚，并形成较为固定的通婚集团”——单向循环的家族外婚[①]。这种单向循环通婚是指甲家族的姑娘嫁给乙家族，而世世代代都是单方面的嫁娶关系，乙家族的姑娘则不能嫁给甲家族而只能嫁给丙家族或其他家族；甲家族的男子只能娶另一家族的姑娘，而所生的姑娘则不嫁给对方，在多个家族介入婚姻体系后，则形成一种循环的婚姻关系。以下是某一家族与所结成的通婚集团（图 1-8）。

孔当家族的姑娘 ——→ 力担家族的男子

力担家族的姑娘 ——→布卡王的男子

布卡王的姑娘——→学哇当的男子

学哇当的姑娘 ——→ 孔当的男子

图1-8　孔当家族与其所形成的通婚集团

① 高志英．独龙族社会文化与观念嬗变研究 [M]. 昆明：云南人民出版社，2009：457.

人类婚姻形态的演变是有规律可循的，从原始的血缘婚、氏族外婚再到对偶婚、单偶婚的发展可以窥见人类社会的发展历史。一般来说，新的婚姻制度是在取代旧的婚姻制度基础上出现的，然而完全取代的过程是漫长的，必然存在一个新旧婚姻制度共存的时期。独龙族的婚姻制度是多样化的，且以一夫一妻制为主，反映了社会组织的裂变过程。这种裂变反映在居住模式上也出现了从大到小的居住空间的演变特征。根据《独龙族社会历史考察报告（专刊）》，20 世纪 50 年代前后，居住空间的演变经历了三个阶段：(1)“坎木妈”（母房子）（图 1-9）。这种住宅形式是一个大的长屋，屋内中间是走廊，两侧分隔多个小空间，无纵隔墙和门，每个空间内都居中布置一个火塘。每间隔间都居住有一对夫妇及他们的子女。坎木妈长屋是逐年累月形成的，一般长屋内可居住三四代人，儿孙结婚后不分居，紧接着原来的住房加盖一间房屋，下一代依次加盖，最多的房间数达十多间。整个家族保留着共同劳动、共享共食、老幼照顾、一切财产都归公有的生活原则。这种住房形式被人形象的称为蜂房与蜂巢的关系，表明两者是相互依存的整体与局部的关系。这也与夏瑚所说的“聚族而居”的居住模式吻合，反映了母系家庭公社的特征，这种家庭形式也称对偶家庭[①]。这种长屋在 20 世纪 50 年代以前大量存在，20 世纪 40 年代下游第四村有半数以上的大家族都住在这种双排火塘形式的长屋里；1958 年独龙江茂当村茂丁登家“一所房子内有 6 个火塘，长约 15 米，宽约 10 米，中间走廊，左右两厢各 3 个火塘，一家儿女仅在其中……保留诸媳轮流煮饭和主妇分食的传统”[②]。(2)“坎木爸”（公房子）（图 1-10）。这种住房形式与母系家庭公社的房子类似，只不过内部空间减少了一排隔间，演变为一侧为隔间与火塘，一侧为公共走廊。据调查报告，这种大家庭人口最多达 20 ～ 30 人[③]。家庭成员已转变为以男子为中心，属于父系家庭公社下的对偶婚居住形态。生活原则已不再是轮流煮饭，主妇分食，而是各火塘

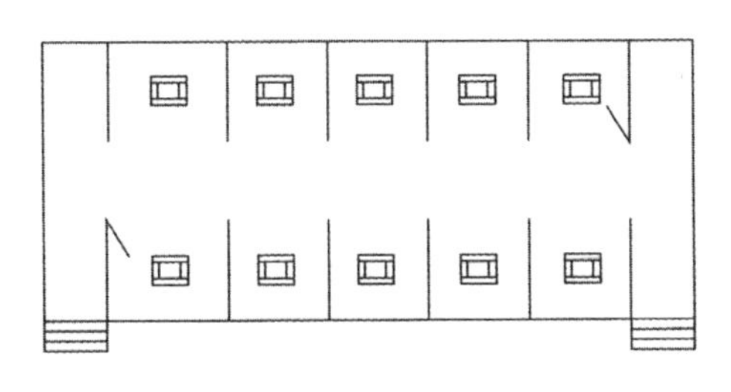

图1-9　坎木妈（母房子）平面图

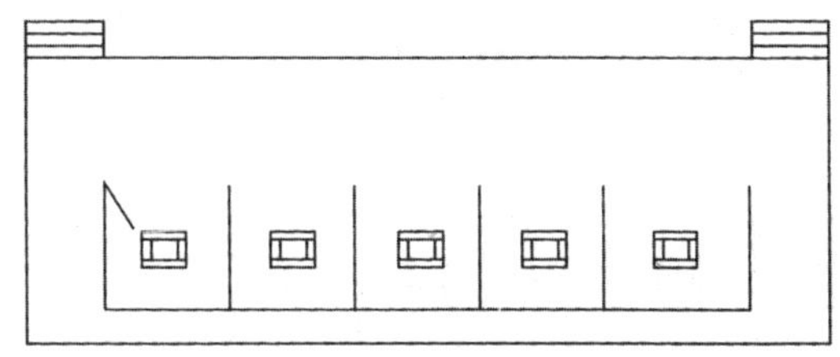

图1-10　坎木爸（公房子）平面图

① 骆继光，江立华．原始社会中婚姻与家庭的演化 [J]. 河北大学学报，1985，(2)：125-133.

② 王翠兰，陈谋德．云南民居续编 [M]. 北京：中国建筑工业出版社，1993：8.

③ 王翠兰，陈谋德．云南民居续编 [M]. 北京：中国建筑工业出版社，1993：23.

成员自己煮食了。居住规模上较“坎木妈”房子小，这些都说明了对家庭剩余财产的分割。(3) 父权制个体家庭。这种住房形式通常为一至两间（图 1-11）。一间者，室内不分隔，一家数代（通常是老人同幼子夫妻及子女）同居一室。两间者，每间各有一火塘。外间为主人住房和煮饭处，内间为未婚子女卧室或客房。外间山墙面设一入户门。随着父系家庭公社的解体，这种小型独立住房越来越普遍。

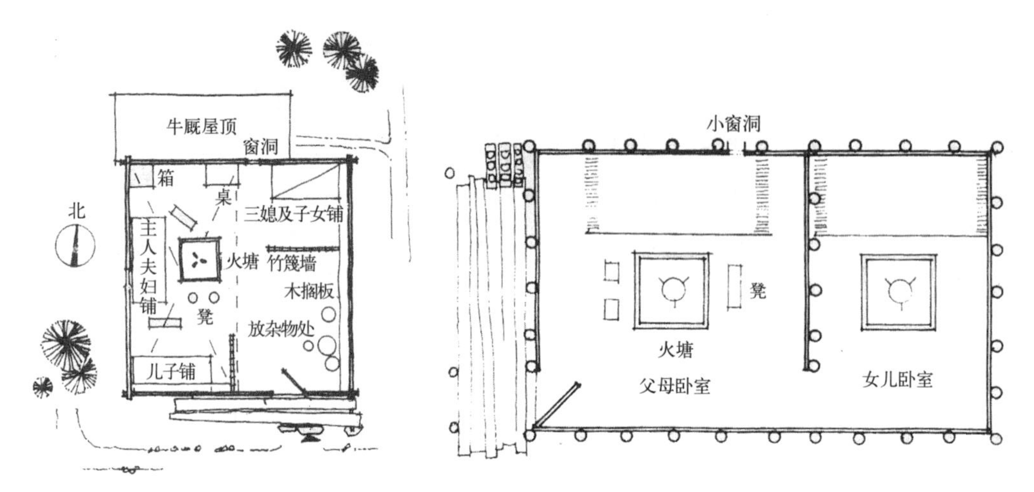

图1-11　独龙族小家庭住房

1.4　民族交融与传统民居

1.4.1　民族交融与发展的历史

元、明时期，来自澜沧江一带的傈僳族，开始分批、集中地西迁，分别进入贡山及福贡地区。作为后来者的傈僳族，从澜沧江流域带来了较为先进的生产工具——用于农耕的铁器以及防卫的武器。由于人口较多且善用弩，战斗力强，故傈僳族逐渐发展成为怒江流域规模较大、势力较为雄厚的民族。傈僳族与相邻民族由于对土地、财产、奴隶的争夺而发生武力冲突。怒江流域北部古老的卢蛮、曲子部落，由于以游牧采集的生活方式为主，彼此相距甚远，长期相安无事；各部落在元、明以前未曾遭受当地或外部的政治统治。元代以后，这些土著民族相继受到来自碧罗雪山的维西傈僳族、沿福贡北上的怒江傈僳族的入侵。被压迫的民族，“常苦栗粟之侵凌而不能御”，于雍正年间，到维西厅“求纳为民”，以求得到代表中央王朝势力的纳西族土司的保护。同时，贡山地区的独龙族、怒族，还受到北部西藏察瓦龙土司、喇嘛寺的统治。察瓦龙领主对独龙江、怒江北部的统属关系始于清初。清代，维西地藏传佛教盛行，纳西先民么些笃信藏传佛教，在藏族僧俗势力向独龙江扩展的背景之下，纳西土司禾娘把贡山所属土地转赠于西藏察瓦龙土司。随后，察瓦龙土司在贡山北部及独龙江流域，广建寺院，形成了察瓦龙藏族土司喇嘛寺。连同丙中洛喇嘛寺，在怒江北部，形成了两股政教合一的统治力量。维西统治者，还在福贡地区的傈僳族、怒族头人当中，寻找代理人，使傈僳族、怒族对贡山北部的统治更加有恃无恐。

怒江流域南部福贡、泸水地区，傈僳族进入当地之后，势力日益发展，怒族日益成为被压迫的小民族。自傈僳族进入怒江直到国民党进驻怒江期间，怒族一方面需要向傈僳族纳贡，一方面随时受到傈僳族的侵犯和掠夺。对与贫困的怒族来说，纳贡是一笔极大的负担。在历史上，它曾经阻挠了怒族社会生产力的发展。在怒江流域内部与周边民族关系的对决中，怒江流域产生了两大政治格局：(1) 南部以泸水、福贡为主的地区，傈僳族后来者居上，对古老土著的怒族人民进行武装压迫；(2) 北部贡山地区，受到多方外来势力的影响，分别有北部与之紧邻的西藏察瓦龙武装集团、南部傈僳族、远在维西的纳西族封建势力的压迫。

1.4.2　以傈僳族文化为主流的建筑文化带（怒江峡谷南部）

在强势民族对弱势民族的政治统治过程中，弱势民族既然在军事力量上无法与其抗衡，便会产生归顺其、求生存的本能。这种政治间的压迫与侵略常常会附加文化与价值观念的输入与被动式接受，其表现为弱势民族遭受压迫的同时潜移默化地接受其文化价值观念。

傈僳族于 17 ～ 19 世纪大批量进入怒江地区，对刺激当地政治、经济的发展发挥了重要的作用。傈僳族带来了较为先进的铁质工具，并将其铸铁技术及使用方式传播给了怒族。新的生产工具的出现，使得人们改造自然的能力增强，出现了固定耕地或者轮歇耕地。这使得长期以游牧、采集狩猎为主的怒族逐渐向傈僳族学习，开始了半定居的生活方式。由于傈僳族的相对强大，逐渐形成了以傈僳族为主流的文化价值取向。例如傈僳、怒族的服饰纹样、色彩大体相似；傈僳族进入怒江后在当地施行土葬，这种殡葬形式逐渐被怒族（其先民原先施行火葬）接受，并以能够施行土葬为荣；傈僳族大多不会说怒语，而怒族除本族语外基本通晓傈僳语，并在基督教传入怒江流域后，普遍用傈僳语习读教义，传唱圣歌。同时表现在建筑文化上，也逐渐形成了以傈僳族为代表的地方建筑特色——千脚落地房。而怒族房屋，虽然称不上严谨的千脚落地式，然在建筑材料、结构原理、搭建方式，甚至居住方式、建筑审美等方面均与傈僳族的千脚落地式相似。正是由于傈僳族、怒族民居具有如此大的相似性，因此，不难推测怒族民居首先影响了后迁徙的傈僳族民居，而傈僳族由于经济实力的相对强大，对这一古老的干栏式民居发扬光大，从而产生了千脚落地式民居。

1.4.3 藏彝文化走廊影响下的建筑文化带（怒江峡谷北部）

藏彝文化走廊，是费孝通先生于1980年前后提出的一个“历史—民族区域”概念，主要指今四川、云南、西藏三省（区）毗邻地区由一系列南北走向的山系与河流所构成的高山峡谷区域，亦即地理学上的横断山脉地区[①]。研究藏彝文化走廊的具有重要的意义。历史上系属不同的集团都在这里建立过强大的政治势力，主要包括唐代以来覆盖该走廊的吐蕃、南诏和大理等几大政权。藏彝文化走廊的研究，对于理清西南边陲各民族史学、民族关系学等诸多学科具有重要的意义；对于建筑学科来说，有助于正确认识西部横断山脉纵谷区各少数民族的建筑文化发展脉络。地处怒江中上游的贡山地区，在地理位置上北街西藏察隅，东邻具有浓郁藏族风情的中甸香格里拉，位于藏彝文化走廊的北端，该地区社会文化的发展是否受藏彝文化带的影响，影响程度如何？带着这个问题，以传统民居为研究对象，探究藏彝文化走廊对该地区产生的影响，并对少数民族民居的建筑现象做出合理的解释。

研究藏彝文化走廊对民居产生的影响，应该首先研究地区人们的意识形态、文化观念是否受藏文化的影响。地缘上该地区东、北面与藏族接近，西面被高黎贡山阻隔，南面顺着怒江河谷以带状走势与怒江中下游流域贯通。伴随着民族压迫与反压迫，至清代雍正年间，贡山北部地区制度化地纳入了外部力量管理的行政体系当中。同时接受着维西的纳西土司、西藏察瓦龙土司的统治。由于丽江距离贡山一带山高路远、交通不便，因此未对贡山一带的经济文化带来较大的影响；相反，藏族势力实则为该地区直接的统治者。藏族喇嘛寺、察瓦龙土司对贡山北部地区的统治，是政教合一的统治方式，主要以经济和宗教文化影响为主，最终贡山一带的怒族群众逐渐接受了藏族的文化及宗教信仰。反映在建筑上，藏族民居的闪片屋面、前廊、中部楼梯、中柱、屋面之下的三角形储藏空间等建筑形式以及建筑构件的榫卯连接方法等不同程度地影响了贡山地区的怒族民居，使得该地区的怒族民居与分布在怒江流域中游一带的怒族民居在建筑文化的表达方面大相径庭。

总的来说，贡山地区怒族民居受藏彝文化带的影响表现在如下几个方面（图1-12）：(1) 房屋内部的中柱，即是房屋上部储藏空间的结构承重的需要，也是室

① 蔡家麒．藏彝走廊中的独龙族社会历史考察 [M]. 北京：民族出版社，2008：总序．

内重点装饰部位（图 1-12-a）；(2) 闪片屋面，即屋面就地取材，采用切削成的厚约 5mm 的薄石片相互搭接，这种做法沿袭了中甸地区的藏族民居的闪片屋面（图 1-12-b）；(3) 夯土墙。贡山地区，传统怒族民为井干房屋。约 100 年前，当地出现夯土房屋，这与藏式民居的影响是分不开的（图 1-12-c）；(4) 房屋的形式美沿袭了藏族民居的特点。受藏族民居的影响，房屋的间数增多，除却端部的房间（内部布置中柱，以炊事、日常活动为主）外，其余房间向内缩进，形成外廊，外廊的中部布置楼梯，通向储藏空间（图 1-12-d）。

(a)　(c)

(b)　(d)

图1-12　藏风影响下的贡山地区民居

位于贡山独龙江峡谷的独龙族历史上虽然受到西藏察瓦龙土司势力的统治，然而由于地理环境更加封闭，藏传佛教未能进入独龙江峡谷，故独龙族民居几乎没有受到影响。相反，20 世纪 50 年代迁入贡山丙中洛一带的独龙族由于受到怒族民居的影响，也出现了房屋中柱的做法，然房屋的规模仍旧以小规模的 1 ～ 2 间独立式民居为主。

1.5 宗教信仰与传统民居

远古时期人们手无寸铁，认识自然及改造自然的能力是有限的，面对变幻莫测的大自然，人们产生了既依赖又敬畏的心理。一方面依赖自然赐予的阳光、温暖和食物，另一方面人们面对狂风暴雨、洪水猛兽、生老病死又显得无能为力，于是产生了“道法自然”的原始思想。人们认为自然有其自身的法则，并不为常人所掌握，人们只能积极适应，这样产生了原始的宗教观念。原始的宗教观念既是整个部落的精神依靠，又是原始社会无形的约束力。新中国成立前的漫长历史中，怒族、独龙族、傈僳族深处怒江峡谷、与外界隔绝，社会发展几乎停滞不前，原始宗教在整个怒江流域占据着统治地位，约束着人们的行为，固化着人们的心灵。至迟在 19 世纪末 20 世纪初，随着西方列强的入侵，国外的各种宗教传教士伺机进入我国西南边境地区传播宗教，并经过半个多世纪的发展，培养了大量的基督教、天主教信徒。尽管起初传教带有侵略性质的文化传播，但无可否认，外来的宗教对尚处于原始社会公有制经济形态的怒江地区产生了一定的影响。

宗教信仰与人们的生活息息相关。研究怒江流域的传统民居，自然脱离不了对该地区宗教信仰的解读，也无法忽视外来宗教对怒江社会产生的影响。首先人们若要举行各种宗教仪式，需要室内空间及室外空间。怒、独龙、傈僳以游耕、采集、狩猎为主的生产方式决定了这些民族没有一个相对永恒的生活场所。故该地区可举办仪式的公共场所、公共建筑空间是匮乏的。同时，由于宗教仪式与人们的日常生活息息相关，人们会经常在房屋内举行宗教仪式，于是居住建筑成为沟通人—宗教信仰的介质。经过长时期的历史积淀，住宅的某个特定空间会演变成为一个象征性的仪式空间固化下来，代表神圣不可侵犯之场所。本小节通过对怒江流域古老民族宗教信仰的解读，探讨建筑空间表达宗教仪式的方式及象征性内涵；其次，20 世纪初外来宗教在怒江地区被植入且生根发芽，它是如何影响人们的日常行为的？是否对人们日常生活的住所也产生影响？这亦是本节需要讨论的问题。

1.5.1 傈僳、怒、独龙族的原生宗教信仰与传统民居

1. 傈僳族宗教信仰、禁忌（“巫”文化）

原始宗教的特点是相信万物有灵，以自然崇拜为主要内容，以杀牲祭鬼为主要

形式。原始宗教的信仰对象一般经历三个发展阶段：自然崇拜阶段、图腾崇拜阶段、祖先崇拜阶段。傈僳族的宗教信仰也如此：(1) 自然崇拜阶段。傈僳先民将自身生活的自然条件和自然产物幻化为众多的精灵——尼①，诸如俄瓜尼（天神）、米尼斯（山神）、划尼（猎神）等，主要的“尼”达 30 多种，傈僳族人相信“尼”能支配世间一切万物，能保护族群的生存和发展；(2) 图腾崇拜阶段。产生于原始社会的氏族部落时期。新中国成立前怒江流域的傈僳族社会尚存在以动物、植物命名的村落公社组织，例如虎氏族、蛇氏族、鱼氏族、荞氏族等，这些名称多演变为后来的姓氏。根据文献，福贡地区的傈僳族在实地调查中尚未发现有图腾崇拜的仪式以及关于氏族的图腾符号，因此这些命名是否能够证明傈僳族社会经历了“氏族”社会组织以及产生相应的图腾崇拜，目前学术界仍有异议②；(3) 祖先崇拜阶段产生于原始社会不断解体和演变时期。在这个时期，原始的部落逐渐演变为家族祖先、民族祖先。傈僳族的祖先崇拜有民族英雄刮木必，其英雄事迹被以神话故事《古战歌》的形式传诵下来。关于家族祖先，崇拜的观念相对淡泊，只祭父母不祭祖父母。

由于各种复杂的社会发展原因，图腾崇拜和祖先崇拜没有形成浓烈的道德意识或道德规范，更谈不上宗教或哲学范畴③，未对社会产生深远的影响。至今对傈僳族的生活、生产活动产生深远影响的仍旧是各种自然崇拜，因此傈僳族生活事项中尚有各种强烈的巫术观念。傈僳人凡遭天灾、过年节、结婚、生孩子、生病、丧葬、出行、械斗都要请巫师（傈僳称“尼扒”）打卦献祭。巫术活动内容繁多，诸如禁忌、叫魂、拜祭 [祭猎神、祭“拔加尼（指使人生病的‘尼’)”]、占卜、详梦、喝酒害人、埋木人等，这些活动主要由巫师主持，然占卜、详梦等几乎人人都会。记载傈僳族宗教信仰及祭祀活动的文献很多，唯没有确凿指出祭祀的场所。由此推测，由于傈僳族的巫术活动尚没有从经济活动中分离出来，对于祭祀的时间、祭祀的场所没有形成约定俗称的限制，而是根据需要即时举行祭祀活动。这种祭祀活动所要求的场所是不固定的，可以在室外举行（例如与生产相关的祭祀活动），也可以在室内举行（与生活相关的祭祀活动），只需在祭祀时准备好法器、祭品即可。因此可以想象，如在室内举行祭祀活动，则同样对居住场所是不限定的。这就解释了调研中的傈僳

① 蔡家麒．试论原始宗教研究 [J]. 民族研究，1996，(2)：53-58.
“尼(傈僳语)”，在有些文献中翻译成鬼，是不适当的，鬼在人们心目中多有贬义之意。“尼”作为精灵的称谓，属于“万物有灵”或“泛灵论”的范畴，在此精灵的观念多具备物质的属性，没有抽象概括的纯精神因素，因为处在原始社会的人对客观事物的直觉性联想是其思维的一大特点。

② 时佑平．怒族、傈僳族是否经历过氏族制 [J]. 民族学研究，1983：10-25.

③ 陈一．傈僳族原始宗教与原始文化 [J]. 中央民族大学学报（哲学社会科学版）.1991，(6)：44-49.

族传统民居中缺乏表达宗教信仰的仪式空间或者神圣龛位，这与汉族的传统民居中体现的尚祖空间截然不同。

2. 怒族宗教信仰、禁忌（“万物有灵”）

如同傈僳族，怒族的宗教信仰经历了三个阶段：自然崇拜、图腾崇拜、祖先崇拜。自然崇拜及体现的道德观念在新中国成立前长久恒定地作为怒族社会的控制模式。怒族的自然崇拜在怒族人们的生活中随处可见，在他们看来，自然界中的日、月、星辰、山川、河流、巨树、怪石等一切现象和事物都有神灵存在。较为特殊的是，这些自然现象的鬼，他们按民族来划分，如云鬼、夜鬼、“活麻（一种刺人的草）”鬼是勒墨（白族的一支，与怒族杂居）鬼；山鬼、岩鬼是傈僳鬼；水鬼、家堂鬼、嫉妒鬼是怒族自己的鬼，他们最害怕勒墨鬼和傈僳鬼，认为这些鬼专门作祟怒人，使他们生病，由此反映了历史上民族间的关系[①]。关于图腾崇拜，怒族同傈僳族一样，至今存在着以动植物作为划分氏族的标志，例如虎、熊、蛇、鹿等，并都有一个传说故事。然根据文献及实地调查，尚未发现有关图腾崇拜的遗迹及标志，图腾只是作为氏族的标志或传说而无任何实际意义和内容，这是区别于拉美国家民族图腾崇拜最大的特点。且与傈僳族不同的是，怒族社会图腾转变为姓氏的情况并不普遍[②]。关于祖先崇拜，怒族人们一般不予重视，人埋葬后除了第一年去垒坟填土，往后就不再扫墓[③]。

由上可知，怒族社会没有图腾崇拜，祖先崇拜尚没有对怒族社会产生较大的伦理、道德风尚等方面的影响。因此，对怒族社会产生深远影响的仍旧为自然崇拜。自然崇拜的表达形式为由巫师主持的各种祭祀、卜卦活动，如对山神、水神、天神、树神、石神的祭祀活动以及用于神判、驱邪祛病的各种手卦、刀卦、酒卦、珠卦等卜卦形式。怒族的原始宗教没有固定的活动场所、规范的仪式。“宗教—人—建筑”三者的基础薄弱，住屋尚没有形成严格的举行宗教仪式的场所和氛围。同时，怒族社会长期生产资料匮乏，导致私有制发育不成熟，没有形成阶级对立的观念，体现在住宅中的等级观念不明显。再次，由于祖先崇拜基础薄弱，故居住建筑缺乏其他民族中的尚祖意识。总之，自然崇拜、巫文化、神判共同组成了社会的约束力，这种约束力是宽松的，多数情况下体现了集体的自觉性，作为表达社会意识形态的居住建筑未脱离社会生产的范畴，只能作为原始社会经济活动的产物，没能够成为阶级统治的工具。

① 《民族问题五种丛书》云南省编辑委员会．怒族社会历史调查 [M]. 昆明：云南人民出版社，1981：114.

② 彭兆清．怒族的图腾崇拜与图腾神话 [J]. 云南社会主义学院学报，2003，(2)：59-61.

③ 赵鉴新．怒族原始宗教习俗见闻 [J]. 华夏地理，1991，(1)：50-52.

3. 独龙族宗教信仰、禁忌

图1-13　独龙族狩猎之前祭祀山神

资料来源：尹绍亭，云南山地民族文化生态变迁

独龙族同怒、傈僳一样，经历了漫长的自然崇拜阶段。根据 20 世纪 50 年代、60 年代调查资料记载，独龙族的宗教信仰是万物有灵论为主的自然崇拜[①]（图 1-13）。独龙族的自然崇拜主要由三部分信仰构成：其一灵魂观。独龙族相信从人到动物界、到植物界、甚至到鬼界都有灵魂，并且每个灵魂都有生灵“卜拉”和亡魂“阿细”；其二鬼神观。独龙族的鬼神观念从其灵魂观念脱胎而来，是灵魂观念的延伸和复杂化。独龙族观念中的神——“格孟”并不像宗教学意义上的职能神和所属神，更多的指名目繁多的鬼。独龙族观念中的鬼并非是人的亡灵，一类是活人变的地上鬼以及由天鬼“木佩朋”创造出来，专门作祟人间的鬼，名曰“卜郎”。举凡天上、地下、森林、江河、山崖、小径、江的上游、江的尾、日月升起和落下的地方都有鬼存在；还有一类为兼具鬼、神特点的天神“格孟”创造出来的“似鬼又似神”的“南木”，为天上鬼，通过巫师“南木萨”的身体作中介，一方面懂得巫医术，救治世人，一方面作祟于人畜，可害人致死。因此，独龙族的鬼分为天上鬼“南木”和地上鬼“卜郎”两种；其三宇宙观。独龙族先民运用丰富的想象力把天与人类居住的地连在一体，并且赋予天人格化，由此产生了基于宇宙秩序的天人关系观念。独龙族认为天的最高处到人间是以多层结构的形式连接在一起的，有说十层天界[②]，有说九层天

---

① 《民族问题五种丛书》云南省编辑委员会等．独龙族社会历史调查 [M]. 北京：民族出版社，2009：8.

② 十层天界的说法是第一层称“南木年各若”，住着鬼的总头目“木佩朋”，又称“萨佩朋”，……，成批地嗜食人畜的灵魂“卜拉”，是一切罪恶的魁首。第二层称“木代”，是天神“格孟”居住的地方“格孟默里”。他们把“格孟”想象成一个威严的男性长者，端坐于高不可攀的“木代”山顶上。第三层称“南木郎木松”，是似鬼又似神的“南木”们居住的地方。第四层称“南木嘎尔哇”，是铁匠们的灵魂“阿细”们居住的地方。铁匠们称“嘎尔哇”，因为他们的工作同神秘的火联系在一起，能使坚硬的铁随意软化称各种形状，所以独龙族认为铁匠的灵魂在天上也有其位置。第五层称“南木夺木里”，居住着世间品行最好的人和尚不会讲话的婴儿的亡魂“阿细”，这些人的善良的“阿细”被“格孟”安排在这里，……，这里堪称天上人间。第六层称“大让不拉”，是地上的人或牲畜的灵魂“卜拉”常常蹿游到达的地方，同人间一样有房舍村寨，而人的“卜拉”一旦游荡出来，人就会生病不适。第七层称“兹力木当木”，是岩鬼“木龙卜郎”和“几卜郎”等鬼把人的“卜拉”掠来关押之处，即是人致病的根源。巫师们可用家禽或牲畜的“卜拉”换回病人的“卜拉”。第八层称“木达”，是众鬼居住的地方。第九层称“赫尔木”，是人间屋顶以上的天，众鬼下届到人间，都要经此而来。第十层称“当木卡”，是各家各户的火塘。引自《独龙族社会文化与观念嬗变研究》：88.

界，还有说三层天界。值得注意的是，无论何种天界，“火塘”都是各层天界的最底层。总之，独龙族的三界宇宙结构观念与“独龙族的灵魂观念和鬼魂观念密切相关，奠定了独龙族原始宗教观念的整体框架，故而为该民族原始宗教观念的核心[①]”。此外，独龙族中没有灵魂不灭或鬼魂投胎转世的传说或观念，例如，他们普遍相信，人的死亡总是生灵“卜拉”先死，不久躯体才会死亡，紧接着亡魂“阿细”出现，独龙人不认为亡魂就是“鬼”，亡魂总是舍不得离开家宅亲人，经常从亡魂居住的地方“阿西莫里”跑回家中要吃要喝。且亡魂存在年限同亡魂生前人的寿命一样长，年限一到，亡魂化作蝴蝶飞向人间。因此，在他们的宗教行为中没有祭祀祖灵或祖先崇拜的仪式，这是独龙族灵魂观念和宗教信仰独特之处，和其他民族特别是汉族相比是不同的[②]。此外，独龙族也没有氏族图腾崇拜的残留。

宗教行为的表现形式是多种多样的，包括各种宗教仪式以及象征物，宗教仪式归纳起来主要有巫术、宗教禁忌、祈祷献祭、宗教礼仪等，值得一提的是象征物包括万物有灵的自然界。独龙族的万物有灵论是否对居住建筑产生影响，产生了哪些影响？带着这个问题，本节按照“宗教信仰—人—住屋”的研究思路，探讨独龙族的自然崇拜对居住建筑产生的影响。在独龙族排列有序的多层宇宙观中，火塘一般被认为是与天直接相连，从天到地的一个组成部分，天的最低一层，火塘被赋予灵魂，属于神圣事物的一部分，认为是一家之中最大的主人。故人们对火塘产生了各种各样的禁忌。例如，“火塘上用来烧水烧饭的铁三脚架或支起的三块石头，是珍贵而神圣的，每当饮酒吃肉，老年人常要在三脚上边放些酒肉，以示祭敬之。对火塘的敬畏心理，实际上也是对天的敬畏态度[③]。”与火塘相关的其他禁忌包括：(1) 家中死了人，屋内火塘的火要烧得很旺，不然众鬼乘机前来作祟，家中连续死人；(2) 平日在家不能将水泼在火塘里的三脚上；(3) 烧水水涨沸腾时壶要立刻拿开，防止溢出浇灭塘火。(4) 不可将脚伸进火塘；(5) 睡觉或出门时要将火塘内的木材码齐，或放到火塘边上，有余火的火塘不得乱堆放；(6) 更不得随便乱拨处置火塘内的石三脚。总之，在对傈僳族、怒族、独龙族的民居研究过程中，这是首次发现的将居住空间明确地与宗教信仰相关联的现象。由此，独龙族将火塘视作世俗空间与精神空间合二为一的物质，是信仰宇宙观的具体象征之物，兼具实用空能（取暖、炊事）与人格化表征，人们对火塘的认识与火塘肩负的功能至今不衰（图 1-14）。这对于当今独龙江以及贡山其他地区的独龙族民居的更新建设带来新的认识，对于

① 张桥贵，独龙族文化史 [M]. 高志英 . 独龙族社会文化与观念嬗变研究 [M]. 昆明：云南人民出版社，2009：69.

② 蔡家麒 . 试论原始宗教研究 [J]. 民族研究，1996，(2)：53-58.

③ 高志英 . 独龙族社会文化与观念嬗变研究 [M]. 昆明：云南人民出社，2009：91，189-190.

图1-14　独龙族火塘

火塘空间的去留问题值得深思。

4. 场地选择的自然观

东汉刘熙云："宅者，择也。"这里的"择"，乃择吉处而营之的择。尽管山地民族的住屋几乎没有装饰，简朴粗犷，然人们对房屋选址的重视至今仍体现出原古自然崇拜的遗风。新中国成立前，怒江中上游的山地民族仍处于奴隶社会时期早期，原始自然崇拜及外来的宗教信仰在当地盛行，对于房屋的选址则有很多禁忌及风俗。独龙族认为人生活在一个被众鬼包围的世界里，因此选择一个安全之地作为居所，对他们是至关重要的：（1）不能在鬼众多的地方建房；（2）忌讳房子在备料时，月亮和火星对在一起，担心房子遭火灾；（3）房子完工时，不能说不吉利的话[①]。傈僳族选择建房地基有"种子占卜法"，该法选种子 9 粒，分成三份分别种在三个不同地方，种子发芽时，若三颗苗都长齐，此处便可以盖房，寓意为家人可以兴旺发达[②]。怒族新房落址则通过巫师占卜，例如在贡山查腊一带，欲盖房时在地基四角上挖洞，分别放入三颗稻谷，三天后看是否被老鼠所食，没吃则可以建房[③]。经调研，各民族与居住环境相关的宗教行为仍然活跃于今天。这说明还有一定的意义，即人们在选聚居环境和住屋基地上，总是小心翼翼地和自然合作，通过一系列的原始宗教祭奠仪式来表达对自然的崇敬和敬畏[④]。

1.5.2　基督教的社会整合功能下的传统民居

20 世纪 20 年代到 40 年代，英、美、法等西方国家的基督教教会，在所谓"哪里地方最不开化，就要把福音传到哪里去"的思想指导下，纷纷派出传教士到怒江地区发展教徒。1926 ~ 1927 年间，基督教在福贡地区开始传播。到 1949 年，福贡、

① 高志英 . 独龙族社会文化与观念嬗变研究 [M]. 昆明：云南人民出版社，2009：191.

② 蒋高晨 . 云南民族住屋文化 [M]. 昆明：云南大学出版社，1995：124.

③ 张跃，刘娴贤 . 论怒族传统民居的文化意义 [J]. 民族研究，2007，(3)：54—64.

④ 杨大禹 . 云南少数民族住屋 [M]. 天津：天津大学出版社，1997：116.

碧江两地基督教徒在总人口中的比例，分别达25%、27%[①]。短短20年间，这一地区传统宗教信仰几乎被基督教信仰所取代。基督教在当地的发展过程具有如下特点：(1) 培养本地势力较为强大民族——傈僳族传教士，充当传教马前卒和主力军，便于外来宗教被当地民族认同；(2) 帮助傈僳族创制拉丁文拼音的傈僳文字（老傈僳文），翻译印发傈僳文的《圣经》作为传教工具。由于历史上，怒族对傈僳族文化有认同的传统，因此，傈僳语言及文字并没有被当作异质加以排斥，相反广泛被接受；(3) 基督教代表的宗教文化，逐渐被傈僳族、怒族吸收，融合成为本民族文化的重要组成部分。表现在：1）创作的傈僳文字、傈僳文的圣经、赞美诗，成为怒族、傈僳族共同认可的民族文字和宗教知识产物。2）基督教化的宗教生活习俗，逐渐被傈僳族、怒族教徒认同，使两者的宗教生活逐渐趋于一致。基督教的各种活动，如祷告、礼拜、晚会、节日，成为两民族共同的娱乐消遣项目，促进了民族间的交往。3）基督教的教义、教规，广泛地影响着世俗生活的方方面面。基督教进入福贡地区以前，傈僳族、怒族生活影响最大的习俗为烟酒嗜好，以及买卖婚姻、鬼神祭祀等，严重影响了社会风气。外国传教士进入怒族、傈僳族地区后，针对性地提出了10条教规，或称10条戒令，要求教徒严格遵守。原碧江地区的十条戒令为：①不饮酒；②不吸烟；③不赌钱；④不杀人；⑤不买卖婚姻；⑥不骗人；⑦不偷人；⑧不信鬼；⑨讲究清洁卫生；⑩实行一夫一妻制。这十条戒令，特别是不抽烟、不喝酒，明显针对当时社会浪费极大的习俗。讲究卫生，则给当地群众带来了卫生、洁净的观念，使当地信教群众的居室不再龌龊不堪。由此可见，基督教能够融入傈僳族、怒族的传统文化中，使宗教认同和民族认同紧密联系。尤其是怒族，显示出“傈僳化”和“基督教化”的双重并存、相互交融的特征。基督教以相同的传教方式，在贡山地区也获得了快速发展，打破了天主教和藏传佛教在贡山北部地区平分秋色的局面，形成了三教并立之势。其原因，不外乎延续了历史上怒江流域对傈僳族文化为核心的区域认同的传统[②]。

基督教对各民族住屋的影响，则是潜藏在这种民族文化认同之下。因在基督教传入该地区之前，傈僳族、怒族的住屋形式，相互影响，表现出相同的地域特征。基督教的发展，与无形中增强了以傈僳族为主的建筑文化的趋同性。另外，由于教堂是联系“群众—宗教世界”的介质，人们的宗教信仰活动大多在教堂举行，而回到家中多只是祈祷，因此外来宗教对怒江地区少数民族的民居建筑没有带来空间模

① 高志英，龚茂莉，宗教认同与民族认同的互动——20世纪前半期基督教在福贡傈僳族、怒族地区的发展特点研究 [J]. 西南边疆民族研究，2009,（6）：184-190.

② 高志英 . 宗教认同与区域、民族认同——论20世纪藏彝走廊西部边缘基督教的发展与认同变迁 [J]. 中南民族大学学报（人文社会科学版），2010, 30（2）：30-34.

式、构造方式等方面的影响，倒是村落中的一座座崭新的教堂与民居的建造风格截然不同，成为乡村地区的标志性建筑及公共建筑（图 1-15、图 1-16）。

图1-15　福贡老姆登基督教教堂

图1-16　怒族群众使用傈僳语唱圣歌

第 2 章　怒江流域多民族混居区民居建筑类型

怒江上游深入青藏高原内部，基本为无人居住区，怒江下游进入云南河谷开阔地带，汉族人口分布居多。本书研究的区域为怒江中游多民族混居区。怒江中游位于云南省西北部，属横断山脉纵谷地带，由东西两侧的碧罗雪山、高黎贡山以及怒江大峡谷共同组成高山、陡坡、谷深的高山峡谷地貌。怒江流域，尤其是中游地区，是国家级自然生态保护区、三江并流世界自然遗产区，也是多民族混居区，国家级贫困区。本章以怒江中游地区大量存在的、具有普遍意义的乡土民居为研究对象，通过实地调研、环境测试，研究自然环境对于多民族混居区不同民族民居的影响因素及民居对于自然环境的适应性。研究发现，不同民族的民居面对相同的自然环境时，具有相同的应答策略，表现了相同的地域属性。

2.1　自然环境与气候特征

2.1.1　地形地势

怒江东岸是平均海拔为 4000 多米的碧罗雪山，西岸是平均海拔为 5000 多米的高黎贡山，两山的平均坡度都在 40° 以上。两侧巨大的山脉夹峙着怒江，江面与山巅的最大高差达 4408m（即峡谷的深度）①，形成地球上第一大峡谷——怒江大峡谷（图 2-1）。峡谷两侧的怒江流域地势北高南低，由北向南渐次倾斜，纵贯怒江傈僳族自治州的贡山县、福贡县、泸水县。由于泸水县位于怒江中下游河流开阔地带，居民以白族、汉族为主，社会各方面的汉化现象较严重，已经不是典型的以少数民族为主的混居区，故本书主要以峡谷两侧的福贡县、贡山县为研究区域（图 2-2）。

图2-1　怒江大峡谷

① 吴金福，李先绪，木春荣．怒江中游的傈僳族 [M]．昆明：云南民族出版社，2001：40.

福贡县处于怒江峡谷中段，东经 98°41′～99° 02′ 、北纬 26° 28′ ～ 27° 32′ 之间，县域东西最大横距 23km，南北最大纵距 112km，90% 以上的土地坡度面积在 25° 以上[①]。全县地势北高南低，整个地形由巍峨高耸的山脉和深邃湍流的江河构成，东为碧罗雪山、西为高黎贡山，境内有怒江及流注怒江的 48 条天然河流，怒江由北向南贯穿全境。散布在全县的傈僳族、怒族村寨逶迤于溪沟，与群山绿林掩映，与弯弯山道相连，形成富有地域特色的山地民居。

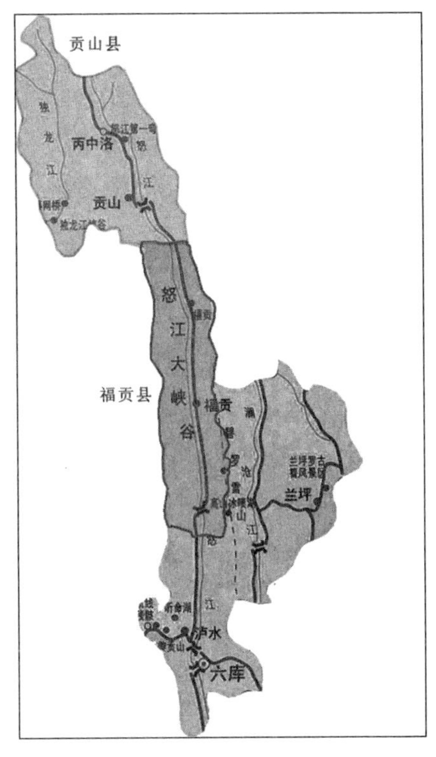

图2-2　本书研究区域

贡山县地处怒江峡谷北端，位于东经 98°08′～98°56′、北纬27°29′～28°23′之间，东西横距 78km，南北纵距 98km。县内地势北高南低，从东到西碧罗雪山、高黎贡山、担当力卡山三大山脉和怒江、独龙江贯穿全境，呈三山夹两江的高山峡谷地貌。县境内地形地势复杂多样，既有视野开阔的缓坡地带（坡度约为 15°），又有威严高耸、直入云霄的陡坡地带（坡度约为 25°～45°）。贡山县内主要的自然灾害多发生在雨季，尤其是暴雨季节，易形成洪涝、泥石流。

2.1.2　垂直立体气候

怒江中游地区属于亚热带山地季风气候，由于这一地区地形属于横断山脉纵谷区，又处于从印度洋北上的暖湿气流和从青藏高原南下的干冷气流汇合部，使得这一地区形成了特有的气候特点，纬度与海拔高度同时导致了气温差异。河谷到山巅，气温随海拔增加而递减，平均海拔每升高 100m，气温下降 0.59℃。同一纬度因海拔不同而气温不同，或同一海拔因纬度不同而气温不同。相比之下，气温的垂直差异大大高于水平差异，形成显著的立体气候特点[②]。怒江中游所在的怒江傈僳族自治州主要因海拔高度不同形成 4 个垂直方向的气候区域（图 2-3）：

① 中共云南省委政策研究室 . 云南地州市县情 [M]. 北京：光明日报出版社，2001：586，589.

② 中共云南省委政策研究室 . 云南地州市县情 [M]. 北京：光明日报出版社，2001：578.

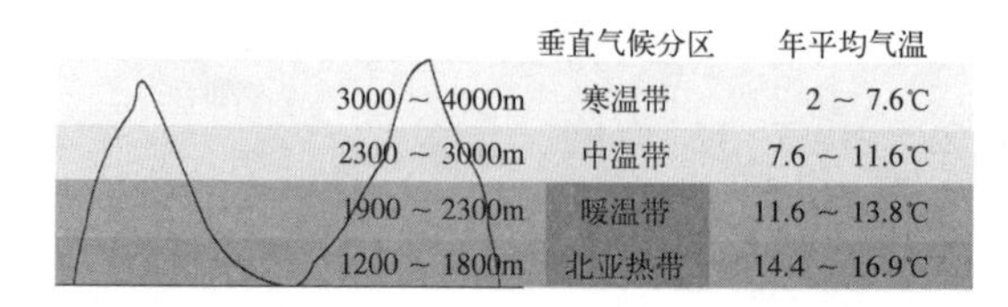

图2-3　怒江流域垂直气候分区示意图

1. 海拔 800 ~ 1200m 的河谷和半山区属于亚热带和南中亚热带气候，年平均气温 16.9 ~ 21℃。海拔 1200 ~ 1800m 为北亚热带气候，年平均气温 14.4 ~ 16.9℃，无严寒酷暑，雨热同季；

2. 海拔 1900 ~ 2300m 为暖温带气候，年平均气温 11.6 ~ 13.8℃，冬春干冷，夏秋多雨，热量不足；

3. 海拔 2300 ~ 3000m 属中温带气候，年平均气温 7.6 ~ 11.6℃，冬春严寒干冷，夏秋湿大温凉，霜期 175d 以上，积雪 90d 以上，热量明显不足；

4. 海拔 3000 ~ 4000m 为寒温带气候，年均气温 2 ~ 7.6℃。

2.1.3　南北水平气候

怒江峡谷呈南北狭长走势，南北纬度差异 2° 01′。由南向北，气温随纬度的增加而递减，纬度每偏北 1°，气温下降 1.2 ~ 1.7℃，使得怒江峡谷的气候不仅具有垂直立体气候特征外，而且具有南北地区水平气候差异。具体地说，位于峡谷南部的福贡县域与位于怒江地区北部的贡山县域呈现明显的气候差异，见表 2-1。

怒江峡谷南北地区气候参数　　**表 2-1**

地区＼气候参数	日照时长（h / 年）	年平均室外温度	年平均室外相对湿度	降雨量（mm / 年）	四季时长（d）
贡山县域	1322.7[②]	最冷月：1 月，7.6℃； 最热月：7 月，21.3℃； 年平均温度 14.7℃； 江边、河谷无霜期 274d	80%[③]	2017.2， 雨季：2 ~ 10 月[①]	冬季：84d 夏季：无 春季、秋季共 281d[②]
福贡县域	1399[①]	年平均温度 16.9℃[②] 无霜期 315d[③]。	80%	1443.3， 雨季：2 ~ 3 及 6 ~ 10 月[③]	冬季：57d； 夏季：146d； 春季：87d； 秋季：75d[②]

① 吴金福，李先绪，木春荣．怒江中游的傈僳族 [M]. 昆明：云南民族出版社，2001：40.

② 中共云南省委政策研究室．云南地州市县情 [M]. 北京：光明日报出版社，2001：586.

③ http：//number.cnki.net

经以上分析，怒江中上游地区地理气候分布特征为：(1) 北部贡山地区居住海拔平均高度大于南部福贡地区；(2) 福贡地区较贡山地区年平均温度高约 2.3℃；两个地区年均相对湿度均约 80%；(3) 福贡地区春夏两季长，秋冬两季短；贡山地区无夏天，春秋两季长，冬天时间短；(4) 福贡地区存在两个雨季，2 ~ 4 月份；6 ~ 10 月份。贡山地区每年 2 月中旬～ 10 月份，长达 9 个月的雨季，年均降雨量多于福贡 298mm；(5) 贡山地区遇雨则是冬；福贡地区则雨热同期。总之，贡山地区为典型的湿冷气候；福贡地区为典型的湿热气候（图 2-4）。

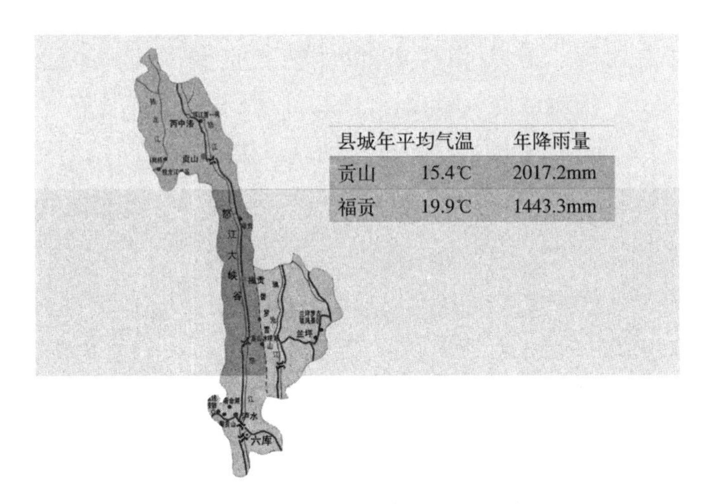

图2-4　怒江流域水平气候分区示意图

2.1.4　住区环境类型分区

按照国家对自然保护区的政策，海拔 2300m 以上的区域，目前已无人居住。怒江流域村落集中分布于河谷地区以及海拔 2300m 以下的半山区。在实地调研的基础上，根据垂直气候以及水平气候的差异，发现研究区域存在四种典型的住区环境，其气候、地形地势条件如下：

1. 峡谷南部亚热带河谷区

该区域位于北纬 27° 04′ 和海拔 1190m 以下的区域，属福贡县域。该区域的年平均气温为 16.9℃，地理学上又称之为中亚热带[①]。该区域冬季无严寒，夏季高温多雨，每年的 12 月至次年的 1 月为冬季，最冷时结霜，不下雪。冬天，日照时天气炎热，无日照时，天气凉爽。因此冬日里人们的衣着是多样的：同一时间有些人着

① 吴金福，李先绪，木春荣 . 怒江中游的傈僳族 [M]. 昆明：云南民族出版社，2001：41-42.

单衣、短裤，有些人着棉衣、长裤。3 月以后气候变暖，4 月份、5 月份为最舒适的季节，6 月至 10 月气候炎热潮湿，雨热同期。

怒江河谷侧分布着面积不等的冲击堆，基本上没有较大的平坝，地势平缓，地形坡度在 25° 以下。河谷区域南北空间狭长，东西空间狭窄。地势崎岖不平，向山麓处抬升。河谷区域沿怒江两岸为洲际道路，交通联系方便，为县、乡政府所在地，是峡谷中最理想的居住用地。居住人群以傈僳族为主。冲击堆的土层稀薄，植被以灌木丛、野生花卉为主，风化的岩石裸露于地表。

2. 峡谷南部暖温带半山区

该区域位于北纬 26° 32′ 和海拔 1928m 以下的区域，属福贡县域。该区域的年平均气温为 13.8℃，极端最高气温曾达 33.2℃，极端最低气温为 −1℃，年平均有霜期 116d，是一个四季如春的地区。据当地人口述，每年的 12 月至次年 1 月为冬季最冷时段，人们的衣着情况普遍为上身毛衣或者棉服，下身着单裤或者两条裤子；7 月份为最热月份，人们衣着情况普遍为上身着两件衣服，外衣为夹克，下身长裤一条。

半山区域地形坡度大，几乎都在 25° 以上，定居于此的村寨多以怒族、傈僳族为主。当地民谚曰："耕地挂在山坡上"，可见耕种环境艰难。该区域地表土层厚，植被以阔叶林、灌木丛及野生花卉为主。

3. 峡谷北部暖温带坝子区

贡山县没有明显的干湿季节，雨季漫长，长达 10 个月，常年温凉湿润。贡山县丙中洛乡海拔约 1500 ~ 1600m，年平均温度 13.1 ~ 15.4℃。阳光照射相对充足，1992 年测得年平均日照时数 1504.6h，是县内日照时数最多的地区[①]。由于河流的切割剥蚀，整体地貌呈现与河流方向一致的窄条状冲洪积台地，地势整体缓和，坡度约在 15° 以下，是怒江峡谷内唯一具有开阔坝区的地方，四周被高山环抱，是一块难得的理想居住用地。居住的人群以怒族为主。

4. 峡谷北部暖温带半山区

怒江峡谷北端的一些村落散落于山腰台地之上，位于海拔 2000m 之下，属于暖温带气候区，气候较河谷地区气候寒冷。据笔者 2010 年 6 月 2 日在丙中洛双拉村（海拔 1800m）测试，户外温度 19.9℃。半山地区坡度陡峭，坡度约 30° ~ 45°。距离所属乡镇较远，对外交通极为不便，散居于此的村落以独龙族、藏族、怒族为主。山腰区域植被以阔叶林、混交林为主，林木丰富。

① 贡山独龙族怒族自治县志编纂委员会 . 贡山独龙族怒族自治县志 [M]. 北京：民族出版社，2006：37.

2.2 典型住区环境下的传统民居类型解析

云南省境内怒江中上游地区主要分布着傈僳族、怒族、独龙族等少数民族，受立体垂直气候的影响，在不同的住区环境下，各民族形成了种类丰富的传统民居建筑类型，出现了同一民族不同建筑类型以及不同民族同一建筑类型的现象。总的来说，怒江中上游地区的民居以井干房、夯土房为代表，居住于此的怒族建筑类型较独龙族更为丰富；怒江中游地区的民居以“千脚落地”房为原型，居住于此的傈僳族、怒族形成了各自习惯的建筑材料用法以及空间处理方式。

2.2.1 峡谷南部亚热带河谷区传统民居

1. 概况

位于河谷区域的村落，对外交通联系方便，平均生活水平优于半山区。由于河谷区域空间局促，村落呈带状分布，人口众多，居住密度大，房屋大体与阶梯式等高线平行分布。

怒江河谷区土层稀薄，植被以灌木丛、野生花卉为主，风化的岩石裸露于地表，于是岩石被人们用来作为民居的建筑材料。继古老的“千脚落地”房后，发展了干垒石墙承重的地方民居。如今这里主要分布着两种类型的传统民居：由多种地方材料混合构成的、干栏结构的传统民居；跌落式干垒石砌房，这种类型的房屋，连同竹篾房、木板房（作为厨房使用），形成院落空间。本书调研的地点为福贡县上帕镇上帕村民居（图 2-5、图 2-6）。

图2-5　福贡县河谷区域住区环境

（a）石砌房

（b）竹篾房

图2-6　福贡县河谷区域建筑类型

2. 民居类型——干栏式民居，混合地方材料

（1）空间构成（图 2-7）

传统傈僳族民居为一独立的、受支撑的长屋，供一个家庭居住，一般是 1 ~ 2 间，一间者全家同居于其中；两间者外间用于煮饭、待客和兼子女卧室，内间是父母卧室和储存粮食。长屋不设长向的走廊，而在山墙处设入口平台。

两间者屋前屋后都设有进出入口，房屋后面的入口处常设转角平台，为房屋的活动平台。

火塘是房屋的特色，各间均有火塘。煮食饭菜和聚众都在火塘边举行。老年人一般习惯在火塘边铺草席过夜。火塘通常设在房内中央靠近房后或偏于房屋背面的位置上，一般为方形，面积约（1000mm × 1200mm）1.2m^2，中央摆设三脚架或者立

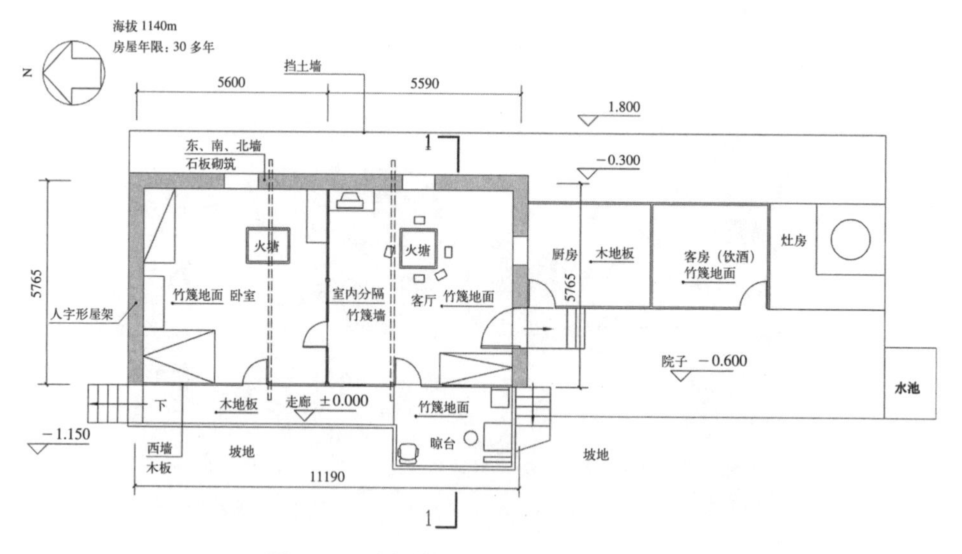

图2-7　干栏结构民居空间构成（一）

火塘上空的棚架　室外敞廊

睡觉用草席，围绕火塘　走廊　山墙处入口

(*a*)

实景图　剖面图

(*b*)

图2-7　干栏结构民居空间构成（二）

三块有棱角的石头做锅架煮食之用。直至今日，材薪仍旧是傈僳族人的主要生活能源，这也与火塘的存在相适应。使用火塘燃烧材薪，使傈僳族的饮食以煮食、烧烤为主。

（2）结构形式、构造做法（图 2-8）

1）结构形式：混合承重结构，采用 500mm 厚干垒石墙做外围护墙体，承接屋面荷载；底层架空的木框架结构承受地面荷载。

屋面　　地面

木板墙

干垒石墙

图2-8　干栏结构民居构造作法

2）构造做法

①地面

竹篾地板的做法为：底层架空，采用木桩架立在斜坡地面上，木桩较千脚落地式结构的支柱粗大，柱距排布规整，采用榫卯连接的方式。木桩纵向布置连接梁，梁上铺设密肋平梁，即竿径细小（ϕ 5cm）的竹子，上铺设竹篾片。地板透气性好，且日常生活中的灰尘、杂质可直接从空隙中落下至外面坡地。

②干垒石墙做法

采用河谷区域天然的毛石垒筑，不使用粘结材料，利用毛石自身的平面上下衔接，日久风化，自成一体。

③屋面做法

人字形屋架，架设于自地面而立的木柱之上，斜梁及三角形山墙上架设檩条，上覆木板（10mm 厚），之上铺石棉瓦（5mm 厚）。

3. 民居类型二——跌落式石砌房

（1）空间构成（图 2-9）

该民居供二代小家庭居住。由于采用了石墙承重结构，因此，空间模式也较传统的竹篾房发生了变化。受汉族乡村地区的民居影响，采用三开间的房屋布局，中间为客厅，两侧为卧室，供父母及子女居住。院中保留了一间传统的竹篾房，内设火塘，供日常炊事、熬煮猪食、烤火、就餐、会客之用。

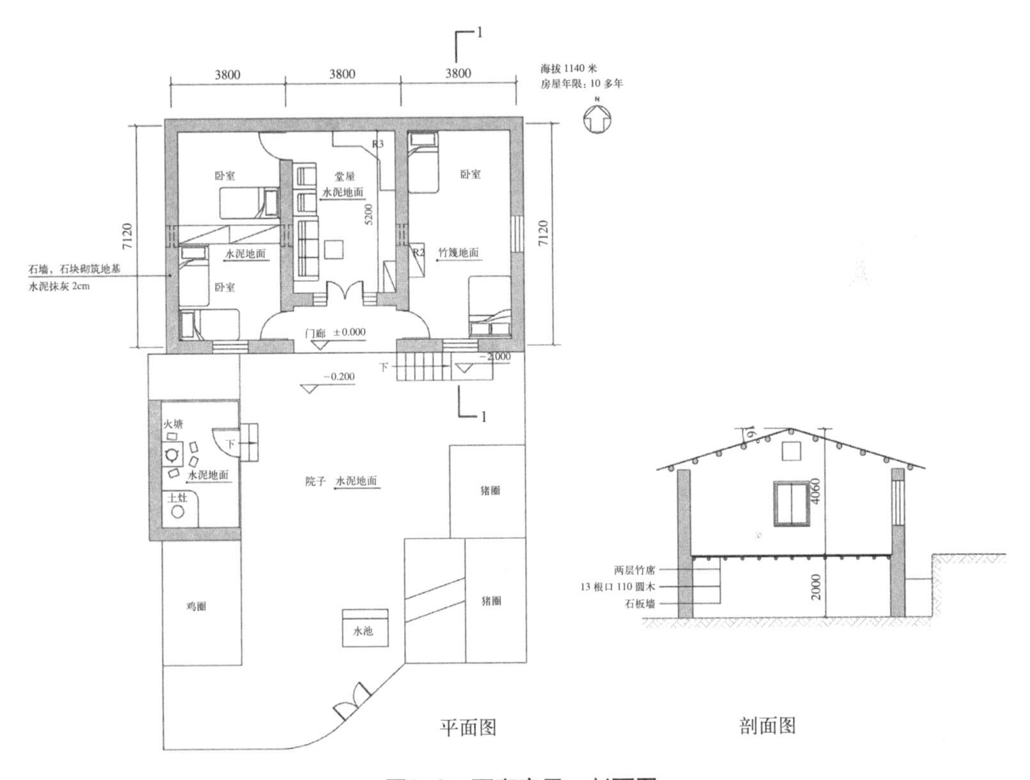

图2-9　石砌房平、剖面图

（2）构造做法（图 2-10）

1）墙体全部采用 500mm 厚的干垒毛石砌筑。居住层墙体内外表面抹灰，局部下跌空间墙体则不做任何装饰。

2）房屋檐墙未砌至屋面处，而是留出一定距离，因此各房间上空为非封闭空间。此做法在怒江地区较为常见，用来排除屋内湿气。

3）下跌空间与上层居住空间之间的地板，采用密肋梁之上铺设竹篾的做法，利于防潮、通风。

4）屋面采用石棉瓦覆盖。

图2-10　石砌房围护结构及构造做法

（3）围护结构

采用跌落式建筑形式，下跌的空间用于杂物堆放。山墙及室内隔墙顶部砌成三角形，其上直接架设屋面檩条。由于采用横墙承受屋面荷载，屋顶结构未能形成整体屋架，不利于抗震。

2.2.2　峡谷南部暖温带半山区传统民居

1. 概况

半山区的乡村聚落呈点状分布。对外交通联系不便，人居收入低于县城平均水平。如今村村开通了水泥路，方便人们出行。但是地理位置及人口规模的局限，使得该地区的教育设施不完善、缺乏经济活动。传统民居以干栏式或“千脚落地”式结构为主，木材、竹材是主要的建筑材料。本书调研的地点为福贡县匹河乡老姆登村小组民居（图2-11、图2-12）。

2. 民居类型——千脚落地式 / 干栏式竹篾房

（1）空间构成（图2-13）

研究对象由新旧民居围合，形成U形的院落空间。该院落组合在急速更新的少数民族聚落具有典型性。该院落由三部分围合而成，分别为新建民居以及两栋呈“L形”围合的竹篾房。新民居于2000年建设，竹篾房已达80多年之久。由于左侧竹篾房（房屋纵轴呈东西向布置）主要用来旅游接待，中间的竹篾房（房屋纵轴呈南北向布置）仍旧是房屋主人日常主要使用房间，故本书以此为研究对象。

图2-11　福贡县半山区住区环境

图2-12　福贡县半山区传统竹篾房、木板房

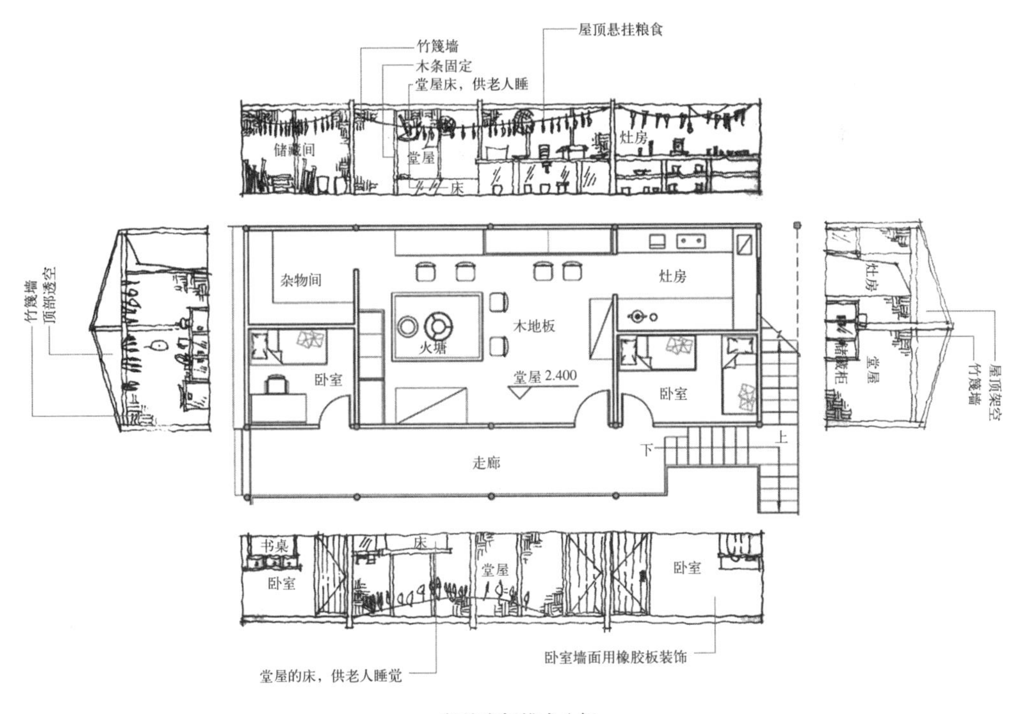

怒族空间模式分析

外廊　　室内　　火塘

图2-13　怒族民居空间构成

该房屋呈一字形布置，三开间。中间为火塘间，室内布置一火塘，燃烧材薪。火塘间供老人睡觉，兼炊事、聚会、庆典、取暖等功能。火塘间上方设棚架，不封闭，用于悬挂烘干的肉类、玉米等食物（食品的主要储存方式），同时解决室内排烟问题。由火塘间进入，两侧分别为储藏间及厨房，该厨房为后来加建，设置电饭煲、电磁炉、土灶等炊事工具。与火塘间并列的两侧房屋为卧室，供子女居住，用外廊将各个房间串联起来。家中年轻夫妇已搬离旧居，居住于旁边新建的砖砌体房屋。怒族乡土民居具有如下特征：①火塘间为日常生活的主要房间，没有专门的厨房、卫生间等房间；②房屋数量少，通常为 1 ～ 2 间，夜间全家围火塘铺席地而睡。卧室私密性差，且光线昏暗；③底层架空的结构形式适应陡坡地形，且防潮防虫害。

（2）结构形式、构造做法

调研的地点位于海拔约为 1800m 的山区。由于地形陡峭，传统民居多采用架空的结构形式，主要有千脚落地式及干栏式两种结构类型。

1）千脚落地式结构（图 2-14）

①结构特征

千脚落地式为早期的结构形式，根据史料以及《云南民居.续编》记载，这类民居为怒江流域最古老的居住建筑类型，主要的使用对象为傈僳族、怒族、独龙族。如今，该类传统民居数量越来越少，主要存在于独龙江流域南部以及怒江峡谷南部高海拔山区。

千脚落地房屋的墙体、屋盖结构体系均为片状网式承重骨架，起房用料必须是不易腐烂、较牢固的栗木之类的木材。其特点为：a. 没有横向屋架或类似构件，由墙体和屋盖的网式轻型骨架组成纵向承重体系；b. 构件之间协同受力，尚无承重或者非承重的区别[①]。这种密栽排柱承重骨架，构件连接用绑扎的方式如同西安半坡出土的木骨泥墙的做法，所不同的是墙用竹席围护，而不用泥抹。千脚落地的结构形式较之木骨泥墙有明显的进步：壁体、屋盖分工，双坡屋面形成的三角形空间也较成熟。可见，千脚落地式的结构体系尚处于木构件结构体系不够完善的萌芽时期。这种结构形式与现今成熟的傣族、侗族等地区的干栏式结构有很大的区别，尚不能笼统归结为一类。千脚落地房屋修缮期限多则 7 ～ 8 年，少则 4 ～ 5 年后拆换添置新料重盖，是古代迁徙不定的游牧生活方式的产物。

②建造方式

千脚落地的房屋的建造方式为，先立房屋四角的墙体木柱，入土 30 ～ 50cm，

① 王翠兰，陈谋德．云南民居续编 [M]. 北京：中国建筑工业出版社，1993：65.

群众的生存条件不无关系。

3. 结构体系的安全隐患

当新材料引进时，由于当地经济发展水平的制约以及技术的普及程度，人们对新技术的使用处于摸索阶段，必然导致新建房屋出现很多问题：(1) 砖混结构中，构造柱无配筋，并与墙体无拉结钢筋；(2) 砖混与框架混合结构中，底层架空的地板与上部砌块墙体没拉结；(3) 当地新型民居的屋架，有的直接利用山墙及横向隔墙上置檩条承重，致使屋面整体性差。总之，大量的新建民居，不容乐观，存在严重的安全隐患（图 2-33）。

图2-32　室外放置洗衣机

4. 缺乏成熟的建筑构造作法

新民居的整体建造水平较低，缺乏严密的结构逻辑，主要表现在房屋节点处理的随意性及不完善性，影响房屋视觉美观。

5. 偏离民族特色

新建民居的空间模式、材料选择、结构形式等方面，在各地区、不同民族之间具有相似性，缺乏民族特色。同时，通过对各民族的调研走访中，可看出新民居在表达民族特色时的牵强和尴尬局面。在福贡地区，当向傈僳族人家问及新民居与周边怒族民居的区别时，多数人表示区别不大，仅在地面作法上：傈僳族喜将传统的竹篾地板用于新民居之中，而怒族多用水泥地面代替传统的木地板。当问及怒族人家新居与傈僳族的区别之时，他们纷纷表示区别不大。正是由于新建民居缺乏民族特色的表达方式，更加体现出各民族建筑的相似性以及受汉族民居建筑影响的普遍性。同时，随着民居的大量新建和居住区密度的提高，受刀耕火种的农业文化影响而产生的建筑观念及风俗禁忌也日渐消失。

构造柱无拉结钢

承重柱无配筋

山墙直接承接屋檩

图2-33　砌体房屋结构安全隐患

第 3 章　怒江流域多民族混居区民居热环境

长久以来，针对云南省少数民族民居的研究多以民族来划分建筑类型，主要研究内容包括建筑空间和建筑文化等[①~③]。以上文献均属于定性的研究，缺乏定量的分析，对传统民居蕴含的生态经验认识不足。本章应用物理环境的测试方法，解读该地区民居的空间特色和围护结构性能，期望为该地区民居的可持续发展提供科学的依据。

3.1　怒江峡谷南部河谷区民居冬季室内热环境评价与分析

3.1.1　研究对象

1. 气候特征

本书研究对象位于江边低海拔河谷地带，位于北纬 27° 04′ 和海拔 1190m 以下的区域，属中亚热带区。该区年平均气温 16.9℃，年平均降水量 1443.3mm，降雨集中在 2 ～ 3 月和 6 ～ 10 月，年均日照 1447.9h，无霜期 267d，该海拔区域终年无雪。

2. 测试对象

干栏式竹篾房为怒江中游地区较早出现的民居形式，至今在高海拔山区仍依稀可见。在民居的自然更新中，逐渐出现了保留干栏式结构的以木材、石板或竹篾做围护墙体的房屋，还有由厚重墙体承重的石板房。调研的地点为福贡县上帕镇上帕村，位于北纬 26° 54′ 18″ ，东经 98° 51′ 60″ ，平均海拔 1200m。调研选取普遍存在的两类民居作为调研、测试对象，见图 3-1。房屋的使用者皆为傈僳族村民，两栋房屋的直线距离不到 500m，所处室外环境接近，可忽略其差异。

民居 1 坐东朝西，已使用了 30 年以上。房屋由 2 间组成。房屋采用干栏式结构，外围护墙体分别为 430 mm 石板墙（东、南、北向）及 50 mm 木板墙（西向）；室内隔墙及房屋地面均为手工编织的竹篾；屋面为双层屋面，内侧为 50mm 木板，外侧

① 蒋高晨 . 云南民族住屋文化 [M]. 昆明：云南大学出版社，1995.

② 杨大禹 . 云南少数民族住屋 [M]. 天津：天津大学出版，1997.

③ 杨大禹，朱良文 . 云南民居 [M]. 北京：中国建筑工业出版社，2009.

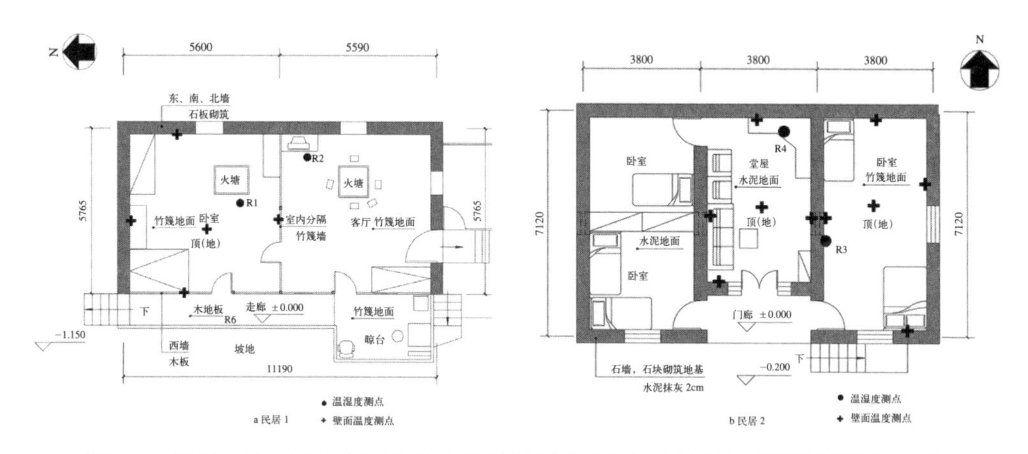

图3-1　干栏式结构民居（民居1）和石墙承重结构民居（居民2）平面图及测点布置

覆盖 5mm 石棉瓦。

民居 2 为墙体直接承重结构，没有构造柱。墙体用当地的石片砌筑，厚度为 420mm（包括内外两侧抹灰各 10mm）。房屋的屋面由直接插入山墙的檩条承重，檩条之上覆盖石棉瓦。地面有两种做法，客厅及子女卧室的地面采用水泥地面；主人卧室的地面采用透气性较好的竹篾地板，地板之下则为下跌空间 - 储藏间，层高约 2m，采用 480mm 厚的石板墙围合，该做法充分利用了山地地形的高差。屋面为交错搭接的石棉瓦屋面，厚度为 5mm。

3.1.2　测试方案

测试时间为 2010 年 12 月 4 日 15：00 ～ 6 日 15：00，测试期间 4 ～ 5 日天气晴朗，6 日上午晴朗，下午多云，每日日出之前有雾。2 栋房屋同时进行测试。

测试目的是采用 *PMV-PPD* 指标对冬季怒江中游河谷地区民居室内热环境进行评价，分析墙体材料及构造做法对人体热舒适的影响，为新民居的建设提供切实可行的依据。

测试内容包括太阳辐射、室内外空气温、湿度、房间围护结构内表面温度和室内外风速。

测试仪器及操作方法如下：太阳总辐射及散射辐射强度的测试采用国产 TBQ-2 总辐射表，仪器灵敏度为 11.043 μ V/（W/m^2），每 1 h 手动记录 1 次，测点布置在民居 2 院中水池之上，四周无遮挡。室内、外空气温湿度的测试采用 TR-72U 自记式温度计（温度探头为 pt100），灵敏度为 0.2℃，15min 记录 1 次，室内温度测点距地面 1.2m，测点布置见图 4.1，室外空气温度测量仪置于屋面背阴处，并以套筒遮蔽。房间内各壁面温度的测试采用 SAM-1012 红外测温仪，发射率为 0.95，精度为 1℃。每 1h 人工记录 1 次，测点布置在各壁面中心位置，无干扰，测点布置见 4.1。风速的测试采用台湾宝华PROVA生产的AVM-05风速仪，风速测量临界值为0.3m/s，分辨率为 0.1 m/s。

3.1.3 测试结果

1. 太阳辐射

图 3-2 给出了太阳辐射强度的计算结果，由图可知，测试期间怒江中游河谷地区太阳辐射强度可持续 9h，全天太阳辐射平均值为 120W/m^2，最大值出现在 13：00，为 665.58W/m^2，12：00 ～ 14：00 为太阳辐射最强时段。散射辐射值较总辐射值分布均匀，且辐射强度低，总量仅占全天辐射总量的 7.5%，故怒江中游地区户外人体及房屋的得热量主要来自太阳的直接照射。总体来说，怒江中游峡谷地带由于两侧巨大陡峭的山体影响了太阳日照时间，但对太阳辐射强度峰值的影响不大。

2. 室、内外空气温度

图 3-3 为室内外空气温度测试结果，由图可知，室外平均温度为 10.94℃，最低温度出现在 8：00 左右，最高温度出现在 17：00，最低值和最大值分别为 5.3℃和 23.2℃，日较差为 17.9℃。对于民居 1，卧室（R1）及客房（R2）的平均温度分别为 11.64℃和 12.41℃。卧室（R1）的最高和最低温度分别出现在 10：00 和 17：00，其值分别为 7.8℃和 18.8℃。客房（R2）的变化规律与卧室（R1）相似，但由于前者测试期间下午及晚上室内燃烧柴薪，平均温度高于后者。

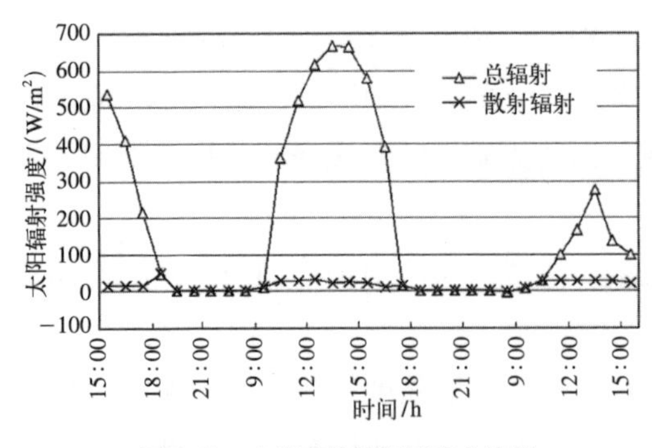

图3-2 太阳辐射强度测试结果

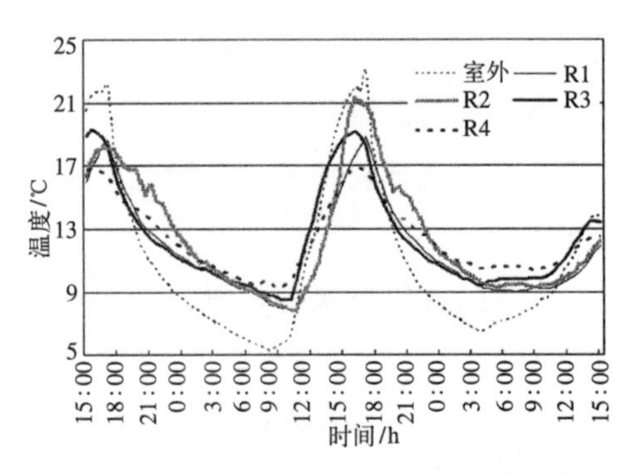

图3-3 室内外空气温度测试结果

对于民居 2，卧室 (R3) 及客厅（R4）的平均温度分别为 12.26℃和 12.31℃。卧室 (R3) 的最低温度与最高温度分别出现在 9：00 ～ 10：00（期间温度未变化）

和 15 : 30，其值分别为 8.5℃和 19.3℃。客厅（R4）的最低温度与最高温度分别出现在 8 : 30 和 16 : 00，其值分别为 9.2℃和 16.9℃。夜间，卧室（R3）的温度普遍低于客厅（R4），但相差不大。这主要是由于房间的开窗方式及构造特点决定的：首先，卧室（R3）的东面及南面各设普通单层玻璃窗，并且窗户的密闭性能差；再者，卧室（R3）的地板采用透气性能极好的竹篾地板，下面架空，为储藏间。

3. 室内外空气相对湿度

图 3-4 为室内外空气相对湿度测试结果，由图可知，民居 1 卧室（R1）、客房（R2）、民居 2 卧室（R3）、客厅（R4）及室外空气相对湿度全天平均值分别为 69.9%、68.2%、67.0%、65.9% 及 73.8%。另外，室外空气相对湿度波动大于室内，11 : 00 ～ 17 : 30，各房间室内相对湿度均高于室外，这是由于室外空气温度逐渐升高及室内空间没能及时除湿所导致的。以民居 1 卧室（R1）与民居 2 客厅（R4）为例（两间房屋室内均没有热源）进行分析可知，用石板砌筑的房间在夜间的室内相对湿度低于干栏式结构房间。可见，围护结构墙体材料的密闭性能对房间的湿度影响较大。

4. 内壁面温度及平均辐射温度（*MRT*）

图 3-5 为民居 1 卧室（R1）内表面的逐时壁面温度及室外空气温度，测试时间为 2010 年 12 月 5 日 8 : 00 ～ 22 : 00。由图可知：(1) 屋顶内表面的温度波动最大，其最大值比室外温度的最大值高 5.6℃，其最小值比室外温度的最小值高 3.3℃。另外，室外和屋顶内表面温度达到最大值出现的时间并不相同，当室外达到最高温度时，屋顶内表面已开始降温；(2) 东墙和北墙为石块砌筑（430mm 厚），不加抹灰。东墙内壁面的最低与最高温度分别出现在 11 : 00 和 17 : 00，其值分别为 10.2℃及 14.9℃；北墙内壁面温度的变化情况与东墙相同，测试期间其内壁面温度出现了上下波动的情况，但变化幅度较小；(3) 西墙为木板墙，内壁面最低与最高温度分别出

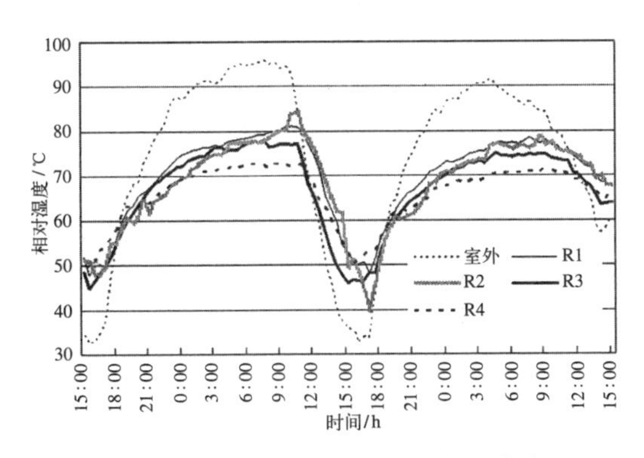

图3-4　室内外空气相对湿度测试结果

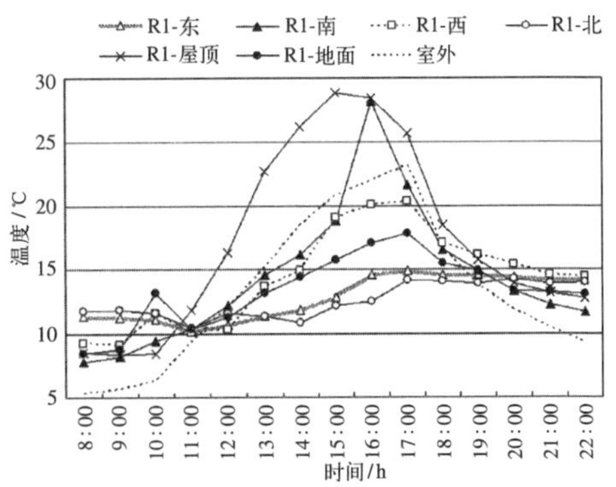

图3-5　民居1卧室（R1）壁面温度和室外空气温度测试结果

现在8∶00和16∶00，其值分别为7.8℃和28.2℃，分别比室外最低和最高温度高2.5℃和5℃，可见木板墙具有良好的蓄热性能；(4) 南墙为室内隔墙（2mm厚竹篾墙体），最低与最高温度分别出现在9∶00和17∶00，其值分别为9.1℃和20.3℃；(5) 地板为架空的竹篾地板，最低与最高温度分别出现在8∶00和17∶00，其值分别为8.5℃和17.8℃，受室外温度变化的影响比较明显。

图3-6为民居2卧室（R3）及客厅（R4）内表面的逐时壁面温度及室外空气温度，测试时间与居民1卧室（R1）相同。由图可知，2个房间的屋面内表面温度波动最大，以卧室（R3）为例，其最大值比室外温度的最大值高10.9℃，最小值比室外温度的最小值低0.2℃，可见单层石棉瓦屋面的热惰性极差，影响了房屋的保温隔热性能。对于卧室（R3），东墙壁面的最低与最高温度分别出现在10∶00和17∶00，其值分别为10.6℃和15.4℃。南墙内壁面的最低与最高温度分别为12.1℃和15.6℃，南墙由于受到太阳辐射直接得热，故温度高于东墙。其余墙体温度变化规律基本和东、南墙相同。抹灰后的石块墙体内壁面温差小，且出现了反复波动的现象，但基本维持了墙体自身的恒温。卧室（R3）地面为架空的竹篾地面，内表面最低与最高温度分别出现在8∶00～9∶00和15∶00，其值分别为9.9℃和18.7℃。对于客厅（R4），地面采用水泥地面，其墙体的最低内壁面温度出现时间均较卧室（R3）晚2h，最高温度的出现时间与卧室（R3）一致。可见，卧室的内壁面温度受室外温度的影响较大。这是由于卧室窗户气密性较差，同时夜间及早晨室外温度低，导致室内外空气不断对流、导热，从而影响了卧室的壁面温度。客厅（R4）的地面最低温度高于卧室（R3）1.7℃，最高温度低于卧室(R3)2.5℃。虽然架空的竹篾地面较水泥地面温度波动要大，然而测试期间竹篾地面的平均温度较水泥地面略高。

在室内气候中，空气温度与周围壁面温度相差很大时，热辐射的影响就非常大，形成平均辐射温度（MRT）。根据公式 $MRT=(t_1S_1+t_2S_2+\cdots+t_nS_n)/(S_1+S_2+\cdots+S_n)$（其

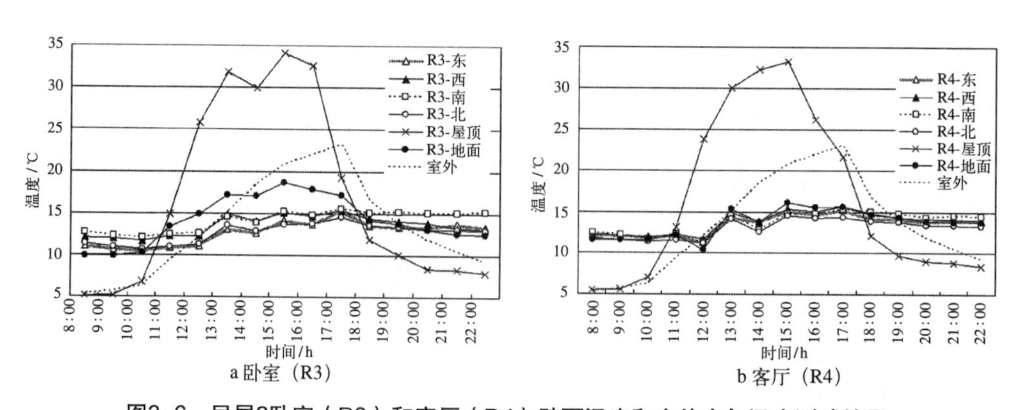

图3-6 民居2卧室（R3）和客厅（R4）壁面温度和室外空气温度测试结果

中 t_1，t_2，…，t_n 为表面温度；S_1，S_2，…，S_n 为各墙体面积），可以计算得出逐时平均辐射温度，见图 3-7。对比图 3-3 中 8:00 ~ 22:00 时段室内温度变化可知，对于民居 1，17:00 ~ 18:00，卧室（R1）的 *MRT* 低于室内空气温度；其余时间段均高于室内空气温度。17:00 ~ 21:00，客房（R2）的 *MRT* 低于室内气温，这主要由于该时段室内烧火导致空气温度升高，其余时间客房 *MRT* 高于室内气温。对于民居 2，17:00 ~ 21:00，卧室 (R3）的 *MRT* 低于室内空气温度，这期间卧室很少有人留驻，其余时段，卧室（R3）的 *MRT* 均高于室内空气温度。可见，大部分时间，尤其是凌晨及夜晚，2 类民居主要使用空间的壁体未给人体带来冷辐射。

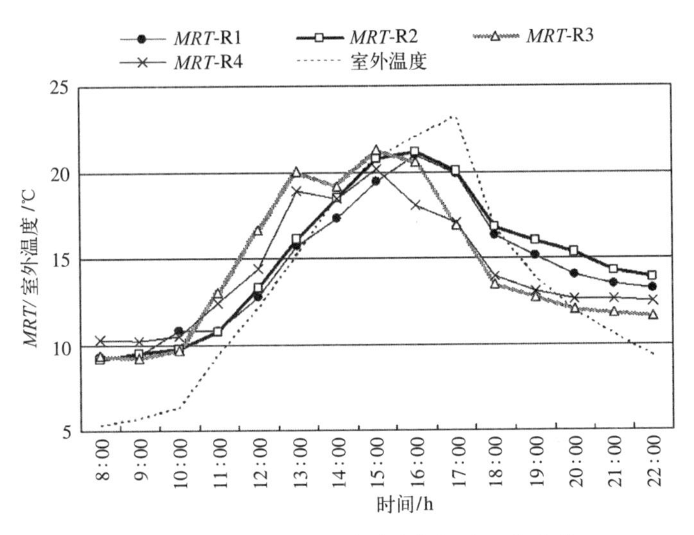

图3-7　各房间MRT及室外空气温度变化曲线

3.1.4　热环境评价

人的热感觉参数与 4 个环境参数（空气温度、相对湿度、平均辐射温度（*MRT*）、气流速度）与 2 个人体参数（新陈代谢率、衣服热阻）有关。温、湿度和 MRT 由以上测试数据得出，平均气流速度设定为 0.15m/s，人体日常代谢率取值为 1.2 met (69.84 W/m²)，衣服热阻为 1.5clo[①]。采用 Fanger 的 *PMV-PPD* 指标评价人体热感觉[②~③]，*PMV* 指人在某一环境下对热感觉的投票，*PMV* 值按人体热感觉分为7个等级，

① 1clo 是指在 21.2℃，相对湿度 50%、风速 0.1m/s 的条件下，人体感觉舒适的衣着状况。

② Fanger PO. Thermal Comfort [M]. Florida Malabar：Robert E. Krieger Publishing Company，FL，1982.

③ Shengxian Wei，Ming Li，Wenxian Lin，et al. Parametric studies and evaluations of indoor thermal environment in wet season using a field survey and *PMV-PPD* method [J]. Energy and Buildings，2010，42（6）：799~806.

见表 3-1；*PPD* 指标指对环境感觉不满意的人数占总人数的比例，意为预测不满意百分率。用上面 6 个参数计算的 *PMV-PPD* 关系曲线如图 3-8 所示。

ISO 7730 推荐 *PMV-PPD* 指标在 −0.5 ～ +0.5 之间，允许有 10% 的人感觉不满意。由图 3-8 可知，民居 1 的卧室（R1）在 9 : 00 的 *PMV* 值最低，为 −1.7，相应的 *PPD* 为 62%；15 : 00 ～ 18 : 00 的 *PMV* 值为 −0.5 ～ 0，*PPD* 为 5% ～ 8%。客房（R2）的 *PMV* 值与卧室变化相同，由于客房（R2）火塘在 14 : 00 ～ 22 : 00 之间断续燃烧柴薪，故该时段的 *PMV* 值均高于卧室。

PMV 热感觉标尺　　表 3-1

热感觉	热	暖	微暖	适中	微凉	凉	冷
PMV 值	+3	+2	+1	0	−1	−2	−3

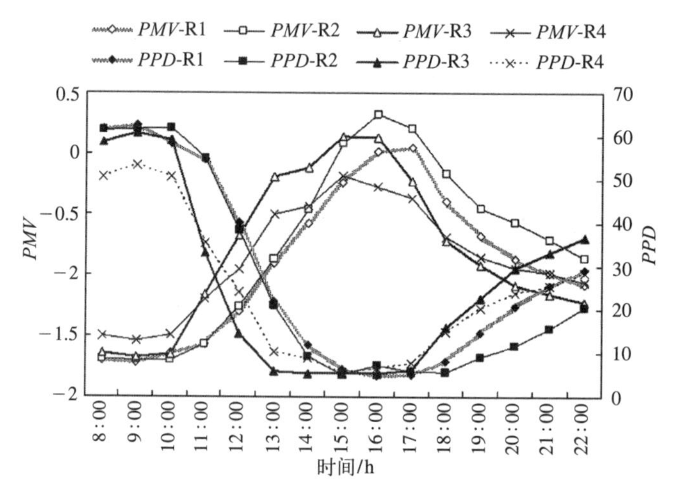

图3-8　*PPD-PMV* 随时间的变化曲线

民居 2 的卧室（R3）在 9:00 的 *PMV* 值最小，为 −1.68，相应的 *PPD* 为 61%。13:00 ～ 17:00 的 *PMV* 值为 −0.2 ～ 0.1，*PPD* 为 5% ～ 6%。客厅（R4）由于位于中间，且不开窗，受外界影响较少，其 *PMV* 值均在 0 以下，较卧室（R3）变化幅度要小。9:00 的 *PMV* 值最低为 −1.5，相应的 *PPD* 为 53%；13:00 ～ 17:00 的 *PMV* 值为 −0.5 ～ −0.18，*PPD* 为 5.3% ～ 6%。

综上所述，怒江中游河谷一带的民居冬季房屋热环境总体感觉介于适中到微凉状态。对于民居 1，人体热舒适时段一般在 14:00 ～ 18:00 之间，*PPD* < 10%，对于尚用火塘的客房来说，人体感觉舒适的时段可延长 1 ～ 2h。对于民居 2，人体热舒适时段一般在 13:00 ～ 17:00。对于 2 种材料的房屋，人体感觉最冷的时段均为 8:00 ～ 9:00。

3.1.5　空间及材料的气候适应性分析

通过对怒江中游河谷地区农村用房冬季室内外热环境的现场测试与分析，可以发现：

1. 特色空间与室内温度的变化关系

这一地区全年降雨丰富，湿度偏大，为了防潮，以民居 2 为代表的石板房屋的屋顶空间皆采用不封闭的方式。由以上对室内外空气温度的分析可知，房屋上部的空间虽然不封闭，但外界的温度并没有对室内温度造成更大的影响。

2. 房屋洞口、墙体孔隙对室内相对湿度的影响

民居 2 卧室 (R3) 及客厅 (R4) 的室内相对湿度变化不一致，尽管房屋的上部空间均不封闭，然而对于气密性差的房间 (卧室)，相对湿度的变化规律更加接近室外。可见房屋低处的洞口气密性差会使房屋的相对湿度增加，而高空的洞口则有利于除湿，这是由于水蒸气向上运动所造成的。同时，石板房屋的卧室采用架空的竹篾地面，卧室的下方则是储藏空间，由于储藏空间没有窗户，冬季的户外风速很低，致使储藏空间的相对湿度很大，从而影响了卧室的相对湿度。

通过对比干栏式房屋的卧室(R1)、客房(R2)及石板房屋的客厅(R4)的相对湿度，发现尚在使用火塘的竹篾房房间的相对湿度会由于火源的因素而有所降低；当火源熄灭后相对湿度则会逐渐升高，这是由于木板墙体及竹篾地面的气密性差，外界的水蒸气通过空隙渗进室内所致。已不再使用火塘的干栏式竹篾房，房间的相对湿度大于用密实材料做围护结构的房屋，后者由于现今多已不再使用火塘，故通过墙体上方留设排气口，以达到除湿的目的。

3. 地方建筑材料特性与内壁面温度

通过测试发现石棉瓦内表面的温度始终大于室外温度，且变化幅度较大，而在 10mm 厚的木板屋面上覆盖一层石棉瓦屋面则会提高其热稳定性。石墙的内壁面温度变化幅度最小，证明了其热稳定性能较好。2mm 后竹篾墙体的内壁面温度变化受到太阳辐射的影响，变化幅度较大。

3.1.6　结论

1. 由于 Fanger 的 *PMV-PPD* 指标是建立在实验室空调环境的基础上，故该指标的要求要高于乡村环境中人们对热舒适的要求[①]。尽管如此，仍然可以得出怒江中游

① 王海英，胡松涛 . 对 *PMV* 热舒适模型适用性的分析 [J]. 建筑科学，2009，25（6）：108-114.

河谷地区的民居在夜间以及早晨热感觉差，白天热感觉舒适。因此，晚上人们可以通过增加被褥以及室内增加热源的方式提高热舒适。

2. 新建民居房屋上部不封闭，不但不会影响室内温度，反而有利于除湿。而窗户的气密性差则会增加房间的相对湿度，并降低室内温度。

3. 传统的干栏式房间的空间是封闭的，但气密性差，同时中间布置火塘，通过烧火可以除湿。然而现今由于少数民族民居被褥和衣着的增厚，夜间不需要热源，反而由于竹篾的多孔隙增加了房屋的相对湿度。对于用石墙作围护结构的房屋，房间的湿度相对较低。

4. 石棉瓦的热惰性较差，白天成作为了房间的热辐射源，晚上则释放冷辐射。420 mm 厚的石块墙体表面温度呈现波动的状态，基本维持恒温，具有良好的保温隔热性能。

3.2 怒江峡谷南部暖温带半山区民居冬季室内热环境评价与分析

3.2.1 研究对象

1. 气候特征

本书调研与测试的地方为福贡县匹河乡老姆登村，位于北纬 26° 32′ 21″，东经 98° 54′ 48″，平均海拔 1850m，年降雨量 1163mm[①]。该区域属暖温带气候区，年平均气温为 13.8℃，极端最高气温曾达 33.2℃，极端最低气温为 −1℃，年平均有霜期 116 天，是一个四季如春的地区。

2. 测试对象

在新中国成立之初，老姆登村的民居是以“千脚落地”的竹篾房为主，随着怒江地区经济的发展，新建砖混房屋、砖木结构房屋逐渐增多。至今，该村的大多数民居已经新建，同时老的竹篾房也被保留了下来作为厨房，有的兼作长辈起居之所。因此，本书分别选取传统的竹篾房、砖混房屋为测试对象，两房屋垂直布置，见图 3-9 平面图及测点位置，测试的房间及编号分别为：砖混房客厅（R1）、卧室（R2、R3）、竹篾房火塘间（R4）及卧室（R5）。图 3-10 为砖混房实景照片。竹篾房基本情况见 2.2.2 小节中的详细介绍。

① 老姆登村 [DB/OL].[2016-01-05]. http：//baike.baidu.com/view/5241314.htm

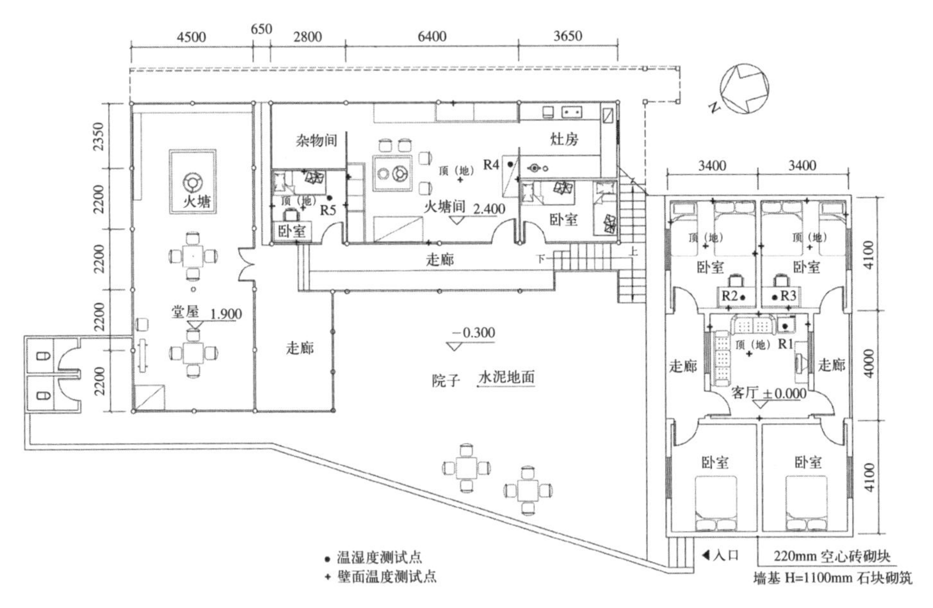

图3-9 竹篾房、砖混房 平面图及测点布置

图3-10 砖混房实景照片

3.2.2 测试方案

测试时间为 2010 年 12 月 1 日 12:00 ~ 3 日 12:00，测试期间天气晴朗，每日日出之前山间浓雾弥漫。2 栋房屋同时进行测试。

测试目的：采用 *PMV-PPD* 指标对冬季怒江中游河谷地区民居室内热环境进行评价；分析新旧房屋围护材料及构造做法对室内热环境的影响，科学认识传统民居的生态经验，为新民居的建设提供切实可行的依据。测试内容、仪器及操作方法与 4.1.2 同。

3.2.3 测试结果

1. 太阳辐射

图 3-11 给出了太阳辐射强度的测试结果，由图可知，测试期间怒江中游高海拔地区太阳辐射强度可持续 10 h，全天太阳辐射平均值为 173.7 W/m^2，最大值出现在 13：00，为 680.07W/m^2，11：00 ～ 15：00 为太阳辐射最强时段。散射辐射值较总辐射值分布均匀，且辐射强度低，总量仅占全天辐射总量的 6.8%，可见高海拔山区户外人体及房屋的得热量主要来自太阳的直接照射。

2. 室内外空气温度

测试房间的室内外温度如图 3-12 所示。对于砖混房，从 3 个房间的温度曲线可看出：(1) R3 温度平均温度最高，这是由于 R3 朝南，白天太阳辐射直接得热，导致温度陡然升高。R1 虽然也是朝南房间，由于南向挑檐影响了外墙太阳辐射直接得热量；同时，由于该房间南北皆开设门窗洞口，加速了空气与外界的传热，使其温度低于 R3；(2) 测试的第一个全天，卧室 R2、R3 夜间分别住着两名、一名游客，白天房间内均无人，晚上同时入睡，皆关窗、关门。然由于两房间朝向的不同，R3 室内温度从白天到第二日早上 8：30 之前，都高于 R2。可知，由于建筑材料的蓄热作用，太阳辐射得热对房屋夜间温度同样产生影响；(3) 各房间室内平均温度均高于室外温度。客厅最低温度与室外最低温度出现时间相同，最高温度晚于室外 1h。卧室 R2、R3 极端温度出现均晚于室外 1h。可见，对于竹篾房：(1) 火塘间 R4 各房

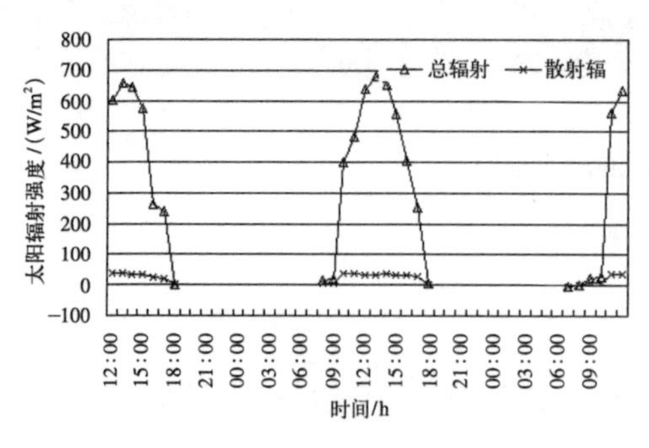

图3-11 太阳辐射强度测试结果

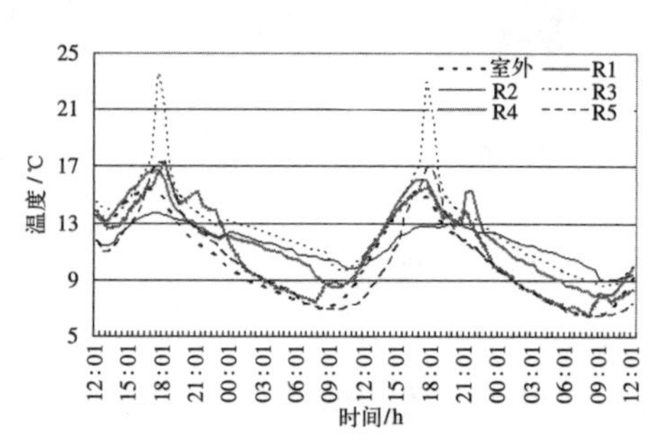

图3-12 室内外空气温度测试结果

间的冷热延迟时间均较短，考虑到墙体具有一定的保温性能，故可知采用了单层石棉瓦的屋面结构严重影响了房间的保温性能。最高温度与最低温度出现时间与室外变化基本同步，这是由于竹篾墙体的透气作用导致室内外空气不断对流导热的缘故；早、中、晚用餐期间，由于燃烧柴薪会使房间短时间内湿度升高；(2) 卧室 R5 平均温度低于火塘房 R4，可见后加的吊顶及木工板没能改善室内的温度。其最高、最低温度出现时间与外界温度相当，或稍有延迟，与砖混房相当。

3. 室内外空气相对湿度

图 3-13 为室内外空气相对湿度测试结果。由图可知：(1) 室外相对湿度全天平均值为 63.33%；下午 16 : 30 ~ 18 : 00 湿度最低，约 52% ~ 53%；上午 7 : 30 ~ 9 : 00 湿度最高，约 71% ~ 72%；(2) 测试各房间的平均湿度从小到大依次为：卧室 R3 59.72%、客厅 R1 61.39%、火塘房 R4 64.66%、卧室 R5 67.26%、卧室 R2 69.51%。其中，R3、R1 湿度低于室外湿度，其余房间平均湿度均大于室外，且北向开窗的房间 R2 相对湿度最低。可见，(1) 砖砌体结构的房屋作为怒江新民居形式，采取合理的朝向有利于降低室内的湿度，否则房间性能不及传统竹篾房。(2) 采用传统构造的竹篾房 R4 在测试期间，每日于午后至次日凌晨约 2 时左右室内湿度略低于室外，其余时间大于室外湿度。火塘使用期间室内湿度出现波动的变化规律，故火塘只能小范围改善湿度，对于面积较大的单个房屋来说，对房屋湿度影响不大。(3) 卧室 R5，主人在传统维护材料基础上增加了木工板及贴面吊顶，由于没有设窗洞口，导致室内通风不畅，结果未改善房屋物理环境，甚至加剧了室内的不舒适感觉。

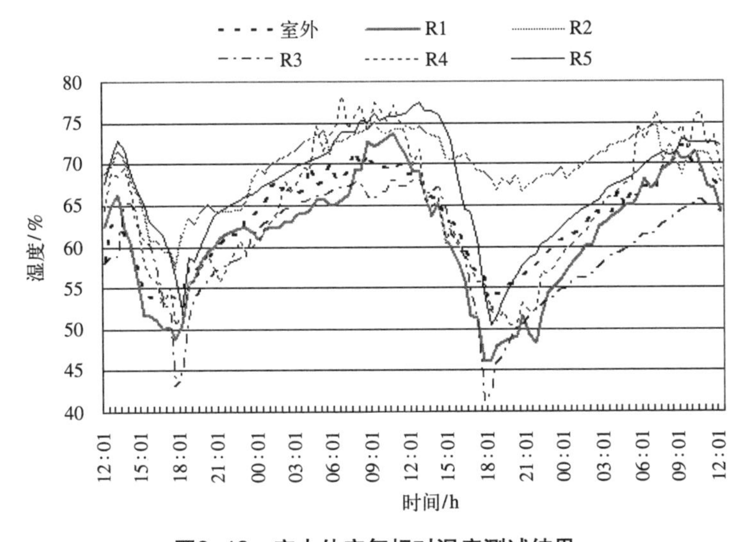

图3-13　室内外空气相对湿度测试结果

4. 内壁面温度及平均辐射温度（MRT）

图 3-14 分别为测试期间 R1、R2、R3、R4 的壁面温度及室内外空气温度曲线。对于砖混房：(1) 壁体的平均温度高于室内温度，室外平均温度最低；南向壁面温度

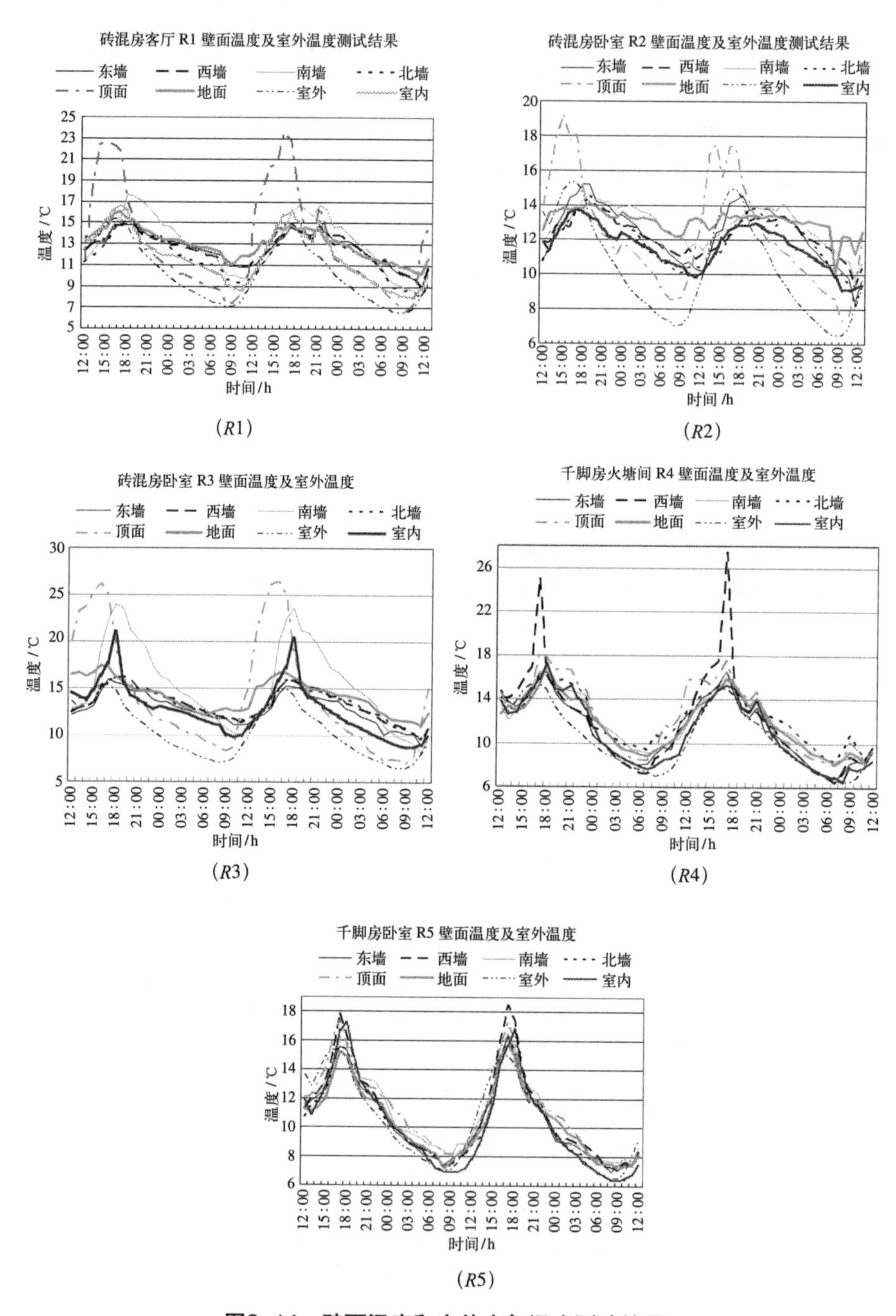

图3-14　壁面温度和室外空气温度测试结果

最高，其次为吊顶壁面温度；(2) 对于直接得热的墙体，如 R3 南向墙体，最低温度及最高温度亦为 8.2℃、24℃，温度波动大，达 15.8℃。同室外环境温度相比，其升温慢，降温亦慢，且最高温度出现时间（18：00）滞后于室外（17：00）。对于无直接得热的墙体，壁体温度变化幅度不大，在 6.5℃～6.9℃之间；(3) 室内吊顶的内表面温度波动最大，其中，南向采光卧室 R3 吊顶最高值及最低值分别为 26.5℃、6.9℃，波幅达 19.6℃。同室外环境温度相比，其升温快，降温亦快，其最高温度出现时间 (16：00) 早于室外 (17：00)。可知,石棉瓦及木工板吊顶的屋面热惰性很差；(4) 水泥地面。表面温度波动最小，为 6.3℃。

竹篾房的墙体材料为单层竹篾，地板为木地板、吊顶由杉木屋面及竹编顶棚组成。对于竹篾房 R4：(1) 各壁体内表面的平均温度高于室内温度；吊顶的平均温度最高，其次依次为北墙（内墙）、南墙（内墙）、西墙（外墙）、地面（架空）、东墙（外墙）；(2) 各内表面温度波动幅度由大到小为：西墙、吊顶、东墙、地面、南墙、北墙。西墙为直接得热墙体，最低温度及最高温度为 6.4℃、25.1℃，温度波动幅度最大，达 21.2℃。吊顶波幅为 10.3℃。外墙壁面温度的波动值大于内墙；(3) 附加木工板的竹篾房 R5，各墙体内表面温度均低于 R4。

由以上分析，对比砖混房与竹篾房可知：(1) 竹篾壁体内表面温度的波动值大于空心砖墙，而平均温度低于空心砖。可见，材料内表面的波动值越大，其平均温度越低；空心砖墙的热稳定性优于传统竹篾墙；(2) 传统的木屋面的热稳定性优于石棉瓦屋面；(3) 水泥地面壁面温度大于架空的木地板，波动幅度低于木地板，可见其隔热保温性能好。然而，水泥地面湿度大，易出现返潮现象。

根据公式 $MRT=(t_1S_1+t_2S_2+\cdots+t_nS_n)/(S_1+S_2+\cdots+S_n)$（其中 t_1，t_2，…，t_n 为表面温度；S_1，S_2，…，S_n 为各墙体面积），可以计算得出逐时平均辐射温度 MRT 的概算值，见图 3-15。由图可知，各房间的平均辐射温度与基础室温相差不大。

3.2.4　热环境评价

人的热感觉参数与 4 个环境参数（空气温度、相对湿度、平均辐射温度（MRT）、气流速度）与 2 个人体参数（新陈代谢率、衣服热阻）有关。温、湿度和 MRT 由以上测试数据得出，平均气流速度设定为 0.15m/s，人体日常代谢率取值为 1.2met ($69.84W/m^2$)，睡眠代谢 0.8met（$46.4W/m^2$），睡眠时间设为 21：00～7：00，衣服热阻为 1.5clo，被子热阻 2.5clo。采用 Fanger 的 *PMV-PPD* 指标评价人体热感觉，参见表 3-1。用上面 6 个参数计算的砖混房及火塘房的冬季 *PPD-PMV* 随时间的变化曲线如图 3-16 所示。ISO 7730 推荐 *PMV-PPD* 指标在 −0.5～+0.5 之间，允许有

10% 的人感觉不满意。

由图 3-16 可知，砖混房的卧室（R2）在 11：00 的 *PMV* 值最低，为 −1.4，相应的 *PPD* 为 45%；17：00*PMV* 值最高，为 −0.9，相应的 *PPD* 为 22%。夜间睡眠时间 21：00 ~ 7：00 之间的 *PMV* 值均位于 −1 ~ −1.4 之间，相应的 *PPD* 为 27% ~ 47%。南向采光的卧室 (R3) 的 *PMV* 值偏高，相应的 PPD 较低。

竹篾房（R4）在 7：00 的 *PMV* 值最小，为 −2，相应的 *PPD* 为 77%。16：00 ~ 17：00 的 *PMV* 值最高，为 −0.3 ~ 0.4，*PPD* 为 7% ~ 9%。夜间睡眠时间的人体热感觉逐渐变冷。卧室(R5)的热感觉最差。在 7：00 的 *PMV* 值最小，为 −2，相应的 *PPD* 为 80%。17：00 ~ 18：00 的 *PMV* 值最高，为 −0.4，*PPD* 为 8% ~ 9%。夜间睡眠时间的 *PMV* 均在 −1 之下，偏冷。

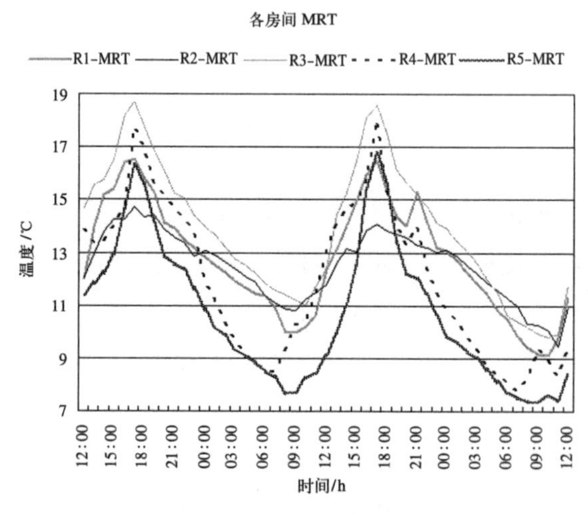

图3-15　R1 ~ R5 MRT

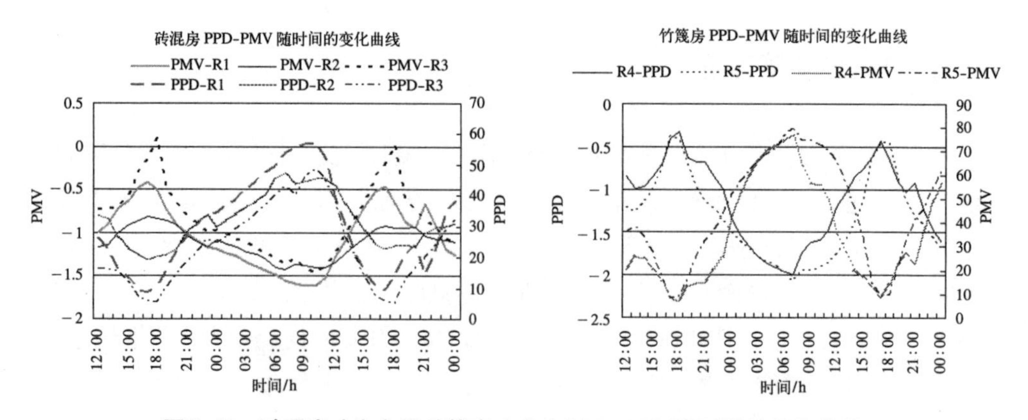

图3-16　砖混房（左）及竹篾房（右）PPD-PMV随时间的变化曲线

综上所述，怒江中游河谷一带的民居冬季房屋热环境总体感觉介于微凉至凉状态。

3.2.5　空间及材料的气候适应性分析

通过对怒江中游高海拔山区农村用房冬季室内外热环境的现场测试与分析，可以发现：

1. 房屋朝向与室内温度

测试期间，南向且不遮挡的房间（R3）平均室内温度高于北向房间（R2）1.2℃。因此，应该尽可能争取砖混房的良好建筑朝向，例如朝南、朝西。

2. 自然通风与室内湿度

测试对象R1、R3自然通风条件较好，故房间的湿度较低。通过对比卧室（R2）及竹篾房（R4），可知R4虽然室内温度低，湿度亦低，这是由于竹篾房通过材料孔隙以及火塘上空顶棚的冒烟孔进行自然通风、热压通风，从而降低了室内湿度。可见，对于怒江山区的民居建设，合理组织多种形式的自然通风可降低室内湿度。

3. 建筑材料与壁面温度

壁面温度影响人体的热感觉，体现建筑材料的属性。通过砖混房、竹篾房的壁面温度测试，可知空心砖的热稳定性较好；同时，热稳定性好的材料其房间的基础室温高。

单层石棉瓦屋面隔热保温性能差，影响室内热舒适。木屋面热工性能好，然浪费木材。因此，现阶段可通过构造方式改良石棉瓦的热工性能。

水泥地面相比架空的木地板表面温度波动小。然而对于“地无三尺平”的怒江山区来说，水泥地面占地面积大，且需要做好防潮处理。架空的木地板有利于减轻结构荷载，对于山区建筑抗震是有利的。因此，新民居的建设应该综合考虑其利弊。

3.2.6　结论

1. 竹篾房的墙体材料本身既作围护材料，又是一种通风材料，可以降低室内湿度，却不利于保持室内温度，因此传统竹篾房需要通过热源——火塘维持室内温度。同时被测的各砖混房间人体热感觉微冷，亦需通过增加被褥、衣物、热源达到人体热舒适。

2. 对于传统房屋，火塘的使用可提高室内温度，对室内湿度影响不大。火塘使用期间，湿度呈现波动变化趋势。

3. 冬季，竹篾房、砖混房的热舒适性能都很差。相比之下，砖混房优于竹篾房。

4. 怒江地区面临保护生态环境的重任，传统木、竹材使用受到限制；同时空心砖的隔热保温性能较好，就目前阶段砖混房具有存在的意义。砖混房的设计需解决朝向、自然通风、防潮等问题。

3.3 怒江峡谷北部暖温带坝子区民居冬季室内热环境评价与分析

3.3.1 研究对象

1. 气候特征

本书以丙中洛乡为研究对象，丙中洛位于高海拔缓坡（坝子）区，北纬 28° 23′ 以下以及海拔 1500 ~ 1900m 之间，属于暖温带气候区[①]。年平均气温 13.1 ~ 15.4℃，最冷月平均气温 5.9℃，最热月平均气温 20℃以上，是怒江流域理想的居住地区。贡山地区降雨极为丰富，其中丙中洛地区年平均降雨量 1657.3mm。调研地点位于丙中洛乡重丁村，位于北纬 28° 01′ 38″ ，东经 98° 37′ 31″ ，海拔 1580 米。

2. 测试对象

丙中洛乡当地传统民居形式主要有两大类，一类井干房，一类土墙房，分平座式、楼房两类。新建的民居主要有砖混房、带地方特色的新型井干房。因此，本书调研分别选取传统的土墙房、新型井干房、砖混房屋为测试对象，房屋的使用者为怒族人，见图 3-17。测试的房间及编号分别为：土墙房（R1）、井干房二层（R2）、砖混房一层客厅(R3)。图 3-18、图 3-19 为被测房屋——新型井干房及砖混房的实景照片。土墙房的基本情况见 2.2.3 小节及图 2-19、图 2-20 详细介绍。

3.3.2 测试方案

测试时间为 2010 年 12 月 8 日 12：00 ~ 10 日 12：00，测试期间 8 日天气晴朗，9 日 0：00 左右开始下雨，直至 10 日凌晨左右雨停，10 日上午日出，时有被云雾遮挡。每日上午山间浓雾弥漫，中午浓雾逐渐散去。各房间于测试时段内同时进行测试。

测试目的：采用 *PMV-PPD* 指标对冬季怒江中游河谷地区民居室内热环境进行评价；分析围护材料及构造做法对人体热舒适的影响，科学认识传统民居的生态经验，为新民居的建设提供切实可行的依据。

① 贡山独龙族、怒族自治县志编纂委员会 . 贡山独龙族怒族自治县志 [M]. 北京：民族出版社，2006：35 ~ 37.

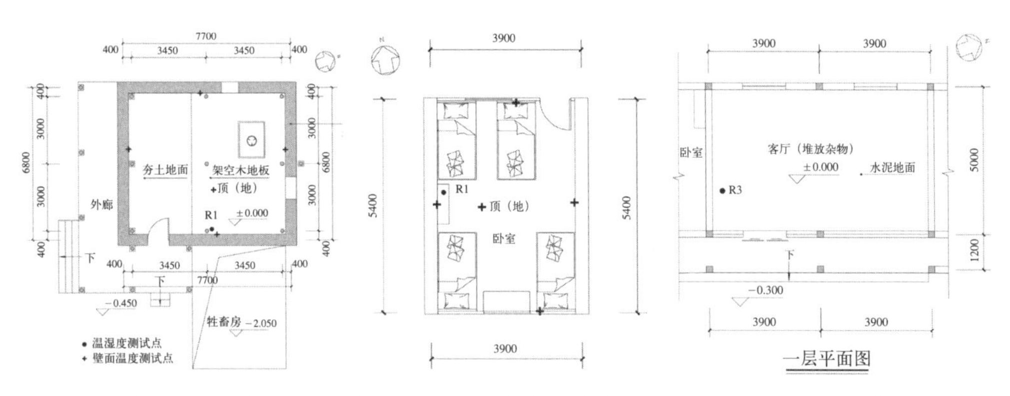

图3-17　土墙房R1、井干房R2、砖混房R3（从左至右）平面图及测点布置

图3-18　井干房实景

图3-19　砖混房实景

3.3.3 测试结果

1. 太阳辐射

贡山地区受东、西南高山阻挡以及云雾遮蔽，年平均日照时数只有 1304h，是怒江自治州日照时数最小的县，可见贡山地区全年的得热量明显不足。丙中洛地势相对平坦，故日照时数在贡山地区最多。由于测试期间遇阴雨天气，无法准确得到全天太阳辐射值，测试结果见图 3-20。尽管如此，依然可以得到相关规律。测试期间 8 日下午天气晴朗，从图中曲线变化规律依稀可循其规律，当日 13：00 太阳辐射达到最大值，为 667.4 W/m^2；10 日凌晨雨停，上午日出，太阳辐射于上午 11：00 骤然升高，达 653.8 W/m^2，随后被云雾遮挡，降低。9 日阴雨连绵，太阳总辐射值亦即散射辐射值，12：00 太阳辐射值达到最高，为 200.1W/m^2。可见贡山地区散射辐射值较低，得热量主要来自太阳直接照射。

2. 室内外空气温度

室内外温度变化曲线及测试结果见图 3-21。贡山地区降水量大，全年平均湿度达 78% 以上，可见，在阴雨天气期间对房屋进行物理环境测试，是具有现实意义的。本次测试时间两天，经历一天晴天一天阴天。对于室外气温，平均温度 11.06℃，无论晴天，还是雨天，最低与最高气温出现时间皆分别为 5:00 ~ 5:30 以及 16:00 ~ 17:00 之间，晴天日较差 7.6℃，雨天日较差 3.6℃。各房间的测试结果如下：(1) 对于生土房（R1），室内平均温度低于室外气温，并且其最低、最高值皆出现在晴天，分别为 9.5℃、12.3℃，日较差 2.8℃。雨天期间，室内温度变化幅度甚微，日较差 1.3℃，其中，7:00 ~ 9:00 温度最低，为 10.1℃；夜间室内温度缓慢上升，与室外温度变化趋势相反。从中可以发现，对于湿冷地区，生土房室内温度变化小，具有良好的保温隔热性能；然而，其房间内湿度较大（平均湿度达 80.4%），并且室内无热源，导致其室内温度低于室外温度。我国西北地区干冷

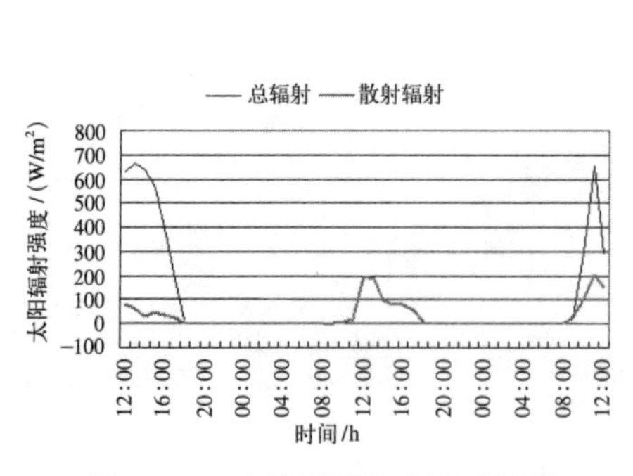

图3-20　太阳辐射强度测试结果

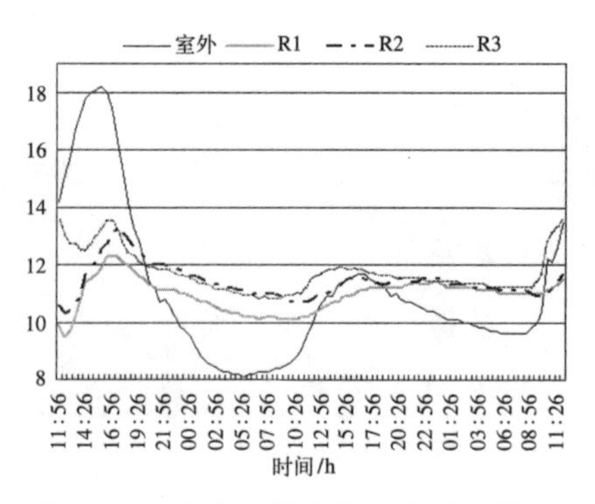

图3-21　室内、外空气温度测试结果

气候区的生土房，具有冬暖夏凉的良好特性，可见生土房在湿冷地区并不能发挥良好的保温性能。(2) 对于井干房（R2),室内平均温度略高于室外温度,并且其最低、最高值皆出现在晴天，分别为 10.3℃、13.3℃，日较差 3℃。雨天期间，全天温度变化甚微，日较差 0.9℃，其中 10:00 ～ 11:30℃室内温度最低，为 10.7℃；夜间室内温度基本保持不变。(3) 对于砖混房，室内平均温度最高；最低值出现在阴天，为 10.8℃；最高值出现在晴天，为 13.6℃，日较差 2.8℃。雨天期间，全天温度变化甚微，日较差 1.1℃；夜间室内温度逐渐下降。

3. 室内外空气相对湿度

图 3-22 为室内外空气相对湿度测试结果。由图可知，室外相对湿度全天平均值为 83.8%。8 日 15 : 30 最低，为 41.9%，随后湿度逐渐增高；9 日雨天平均湿度最高。对于测试的各房间，室内平均相对湿度由低到高依次为：R2、R3、R1，分别为 75.4%、77.7%、80.4%; 各房间相对湿度变化趋势为：8 日由于天气晴朗，于下午 14:30 ～ 16:30 湿度最低，随着夜幕降临，直至 9 日雨天来临，湿度逐渐升高。

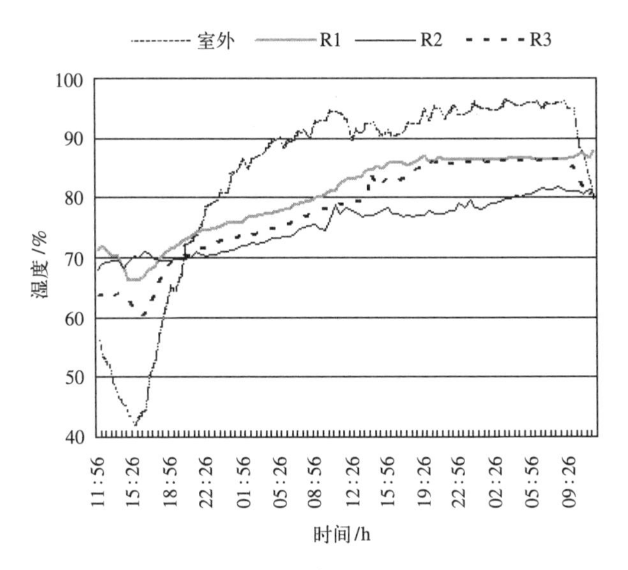

图3-22　室内、外空气相对湿度测试结果

本次测试只对生土房以及井干房进行了壁面温度的测试。图 3-23 分别为测试期间 R1、R2 的壁面温度。对于生土房：(1) 各壁面的平均温度与室内外温度相差无几，位于 10.86 ～ 11.79℃之间。其中吊顶、地面内表面的平均温度最高；(2) 墙体材料为 500mm、夹杂粗砂、稻草的泥土墙。8 日晴天，壁面温度低于室内、外温度，且波动幅度小。9 日全天阴雨，壁面温度处于反复波动状态，变化趋势不明显，且高于室内温度；(3) 吊顶为密排木肋梁，其上覆土保温。其壁面温度变化幅度小，且平均温度高于其他壁面，具有良好的保温隔热性能；(4) 地面由两部分组成，房屋直接落地的泥土地面以及局部架空的木地板，测点位于木地板上。其变化趋势同吊顶，晴天内表面温度变化幅度大，雨天变化幅度小。

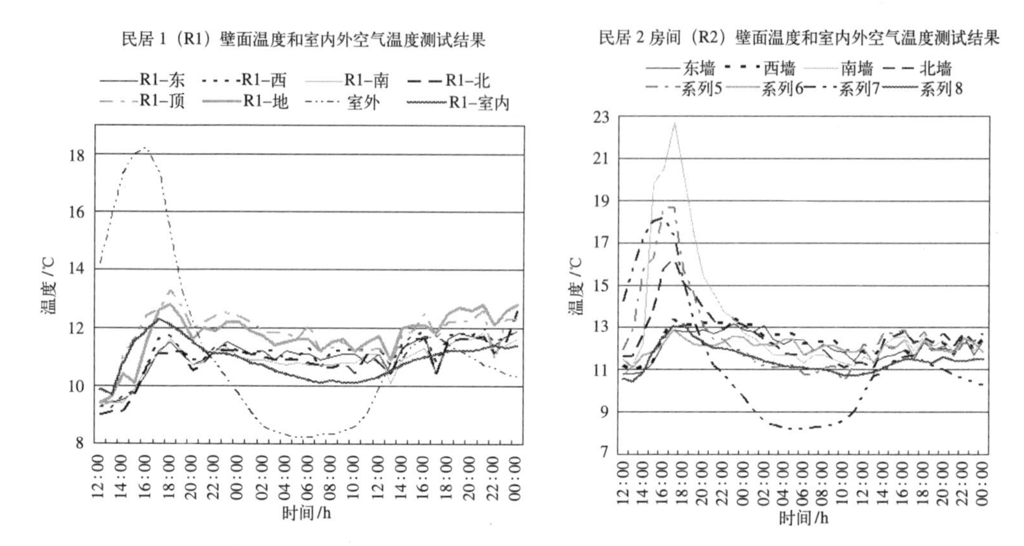

图3-23 土墙房（R1）(左)、井干房（R2）(右)壁面温度和室外空气温度测试结果

对于井干房:(1) 各壁面平均温度均高于室内外温度，南墙温度最高，北墙其次；(2)墙体材料为半圆形木楞墙,内附 3mm 复合木板,最厚处 80mm。南向采光的墙体,晴天最高温度为 22.7℃，温度波动幅度大于室外温度。雨天温度处于反复波动状态,全天温度变化甚微。北向墙体,外墙,温度波动小于室外温度,变化曲线同南墙。东、西为内墙,无论晴天、雨天,表面温度曲线变化平缓。由此可见,井干墙体热稳定性差,受太阳辐射后温度变化明显；(3) 吊顶为 5mm 厚贴面材料，固定于木龙骨之上；屋面为石片屋面。吊顶表面温度曲线走势同南、北墙，然变化幅度低于南墙，晴天最高温度为 18.7℃，略高于室外温度最高气温。阴雨天，表面温度变化不大；(4) 水泥地面，变化曲线平缓，无论晴天还是阴天，受室内外影响小。

由以上分析，对比生土房与新型井干房可知：(1) 土墙房各壁体内表面平均温度低于井干壁体，这是由于土墙含湿率高于井干壁体的缘故；(2) 由于土墙壁体具有良好的保温隔热性能，晴天其壁体内表面温度变化幅度小于井干房；阴天，各测试房间所有壁体表面温度呈现上下波动状态，温度变化甚微；(3) 传统的民居吊顶采用覆土保温，冬季平均温度略低于石板屋面及装饰吊顶，差值约 0.3℃；温度变化幅度亦低于石板屋面。可见这两种形式的屋面保温隔热性能相当；(4) 井干房的水泥地面与土墙房的木地板均为二层楼地面，经过测试，水泥地面的性能优于单层木地板，体现为表面温度变化幅度小，平均温度高。

根据公式 $MRT=(t_1S_1+t_2S_2+\cdots+t_nS_n)\ /\ (S_1+S_2+\cdots+S_n)$（其中 t_1，t_2，$\cdots$，t_n 为表面温度；S_1，S_2，$\cdots$，S_n 为各墙体面积），可以计算得出逐时平均辐射温度的概算值，见图 3-24。由图可知，生土房与井干房的平均辐射温度皆高于基础室温，未对人体造成冷辐射。

3.3.4　热环境评价

人的热感觉参数与 4 个环境参数（空气温度、相对湿度、平均辐射温度、气流速度）与 2 个人体参数（新陈代谢率、衣服热阻）有关。温、湿度和 *MRT* 由以上测试数据得出，平均气流速度设定为 0.15m/s，人体日常代谢率取值为 1.2met（69.84 W/m^2），睡眠代谢 0.8met（46.4W/m^2），睡眠时间设为 21∶00 ~ 7∶00，衣服热阻为 1.5clo，被子热阻 2.5clo。采用 Fanger 的 *PMV-PPD* 指标评价人体热感觉，并得出关于砖混房及火塘房的冬季 *PPD-PMV* 随时间的变化曲线（图 3-25）。ISO7730 推荐 *PMV-PPD* 指标在 −0.5 ~ +0.5 之间，允许有 10% 的人感觉不满意。

由图 3-25 可知：(1) 土墙房（R1）在 13∶00 的 *PMV* 值最低，为 −1.56，相应的 *PPD* 为 54%；18∶00*PMV* 值最高，为 −1.1，相应的 *PPD* 为 31%。夜间睡眠期间 21∶00 ~ 7∶00 之间的 *PMV* 值均位于 −1.2 ~ −1.5 之间，相应的 *PPD* 为 34% ~ 50%；(2) 井干房（R2）在 13∶00 的 *PMV* 值最小，为 −1.3，相应的 *PPD* 为 43%。17∶00 *PMV* 值最高，为 −0.77，*PPD* 为 17.6%。夜间睡眠时间的人体热感觉逐渐变冷。夜间睡眠期间 21∶00 ~ 7∶00 之间的 *PMV* 值均位于 −1.1 ~ −1.4 之间，相应的 PPD 为 33% ~ 42%；(3) 晴天全天期间，被测房间内人体热感觉差异大；阴雨天人体热感

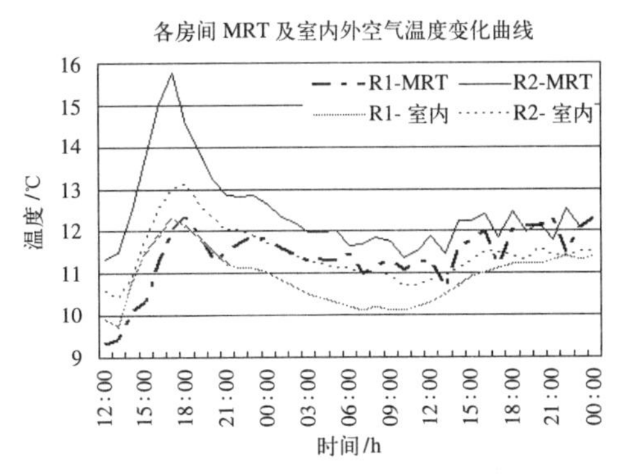

图3-24　R1、R2 *MRT*及室外空气温度变化曲线

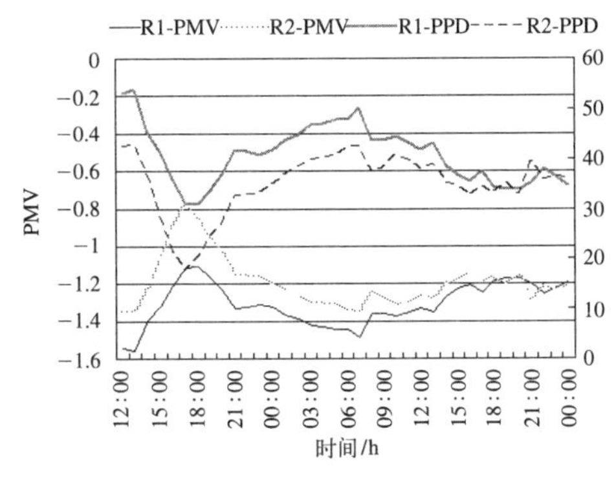

图3-25　*PPD-PMV*随时间的变化曲线

觉差异小。总的来说，土墙房人体热感觉较井干房偏冷。

综上所述，怒江中上游地区民居冬季房屋热环境总体感觉介于微凉至凉状态。

3.3.5 空间及材料的气候适应性分析

通过对怒江中上游坝子区农村用房冬季室内外热环境的现场测试与分析，可以发现：

1. 空气湿度与房间温度

贡山地区平均海拔3233.5m[①]，云层厚且低，年均相对湿度80%左右。对于没有热源的房间，室内湿度大，温度低。因此，对比海拔约1700m的福贡县老姆登村的民居来说，相邻的测试期间贡山地区室外温度较老姆登村高，然而房间温度却低于老姆登村的民居。可见，房屋的高湿度影响着室内温度的升高。

2. 建筑空间与室内湿度

晴天时段的测试结果表明，房间的平均相对湿度变化幅度约在42%～81%之间，夜晚湿度逐渐增加；阴雨天房间相对湿度更大。导致房间高湿度的原因，一方面由于室外湿度大。另一方面则由于建筑空间密闭性增强，并缺少积极的通风方式。过去，房间一切活动皆围绕火塘。如今，木材使用受到限制，火塘单独设置仅作为厨房使用，因此居住空间内缺少热源，无法产生热压通风，导致湿度居高不下。

3. 建筑材料与壁面温度、房间湿度

壁面温度影响人体的热感觉，体现建筑材料的属性。通过对比可知，生土墙壁面温度变化幅度小于井干墙，室内平均湿度高于井干房，可见生土材料“吸湿”功能未能充分发挥。因此对于湿冷气候区来说，应该选择含水率小、密度大的建筑材料。

3.3.6 结论

1. 通过Fanger的*PMV-PPD*指标，可知怒江中上游地区的民居全天热感觉偏冷。调研发现，人们在夜间通过增加被褥厚度、火盆、电热毯取暖。

2. 火塘燃烧可以提高温度并降低湿度。然距离火塘远的地方则影响不明显，故传统的生活习惯中人们夜间围火塘而睡。

3. 贡山地区目前以生土房、井干房、砖混房为主要的建筑类型。研究发现传统

① 贡山独龙族、怒族自治县志编纂委员会. 贡山独龙族怒族自治县志[M]. 北京：民族出版社，2006：35.

民居的围合材料的热工性能不及空心砖；生土房在湿冷气候区未能发挥保温隔热的良好性能。

4. 福贡地区民居空间不完全围合，是为了除湿。贡山地区年平均温度低于福贡，无论是传统民居还是新建民居，室内设置吊顶，空间完全围合，起到保温的作用。这样，室内的湿度因此增加，人体热感觉差。

5. 贡山地区新民居的建设应该同时解决保温与除湿的双重目的。

3.4　当地传统民居的气候适应性

民居的生态经验指古人在实践中应对自然和社会因素，营建舒适生活环境和空间的设计方法和思想，并作为约定俗成的观念而逐渐在实践中自发或自觉地执行①。这里所说的生态经验是一个宽泛的概念，包括民居选址、群体营建、民居庭院、单体空间、建筑形态、材料利用、细部营建等方面，将气候因素、环境因素、文化因素综合体现在建筑及群体聚落中。本书研究的生态经验主要涉及建筑单体应对自然因素的营建经验。生态经验受到社会生产力的制约，以辩证的眼光看，生态经验兼具局限性以及现实意义。因此，需要理性辨认传统经验及其盲点，为当今民居发展有所借鉴。

1. 传统建筑材料的气候适应性

纬度导致的气候差异决定了民居建筑材料的分布规律，不同的建筑材料决定了结构体系的差异，并构成了本书民居类型的分类依据。为了适应气候，贡山地区的民居以生土房、井干房为主，以达到保温的目的；福贡地区以石墙房、竹篾房为主，以达到隔热、通风的目的。

然而面对海拔高度导致的气候差异，同一地区民居呈现相反的分布规律；或没有遵循合理的生态经验。事实情况为：海拔越高，温度越低，而民居建筑材料的保温隔热性能越差。高海拔山区民居趋向于采用轻型材料及结构类型的民居样式，诸如贡山地区海拔 2000m 的小查腊村的民居采用井干房，木楞墙体；低海拔的坝子区除了采用井干房，也出现大量的土墙房。福贡地区高海拔山区多采用干栏式竹篾房及版筑房；低海拔河谷区民居多采用厚重的石墙房。这是因为海拔越高，地形坡度越陡，此种情况下，居住的安全因素较舒适因素更为重要，故高海拔山区的传统民居普遍采用较为轻型的结构形式。可见，人们在自然气候与地形地势面前，作出了选择，即结构安全因素大于居住舒适因素。

① 李建斌 . 传统民居生态经验及应用研究 [D]. 天津：天津大学，2008.

2. 传统空间类型的气候适应性

通过调研与测试，空间类型与当地温湿度相关。北部贡山地区传统居住空间呈围合状态，即坡屋面之下再设平屋面，该平屋面即是第二层屋面，又是居住空间的室内吊顶，由结构层及保温层组成，结构层由密排木肋梁组成，上覆厚度约15cm的泥土作保温层，有的还在上面再铺稻草保温。

福贡地区传统居住空间呈不围合状态，以促进热压通风达到除湿之目的。同时，民居的内横墙之上部墙体中间留出洞口，不设窗户。这种不加以围合的上部空间，恰恰是顺应空气中的水蒸气向上运动的规律，以达到除湿的目的。竹篾房的居住空间上方围合而不严密：房屋的山墙、吊棚正对火塘的上方皆开设洞口，同时由于竹篾墙体及吊棚的空隙，组成一个通风效果良好的“竹笼”，以达到除湿之目的。

由此可见，贡山地区严密的居住空间重在保温，而福贡地区非严密的居住空间重在除湿，然而该类空间处理的经验并不能有效解决室内热舒适的问题，白天人们大多数时间都围着火塘而坐，夜间靠火盆以及厚褥子、电热毯取暖。

3. 新建砖混民居与地理气候

（1）材料

如今，底层架空或者直接落地的二层或者单层砌体房屋成为怒江流域大一统的民居形式。新民居的建筑材料主要为液压炉渣空心砖砌块、石棉瓦屋面等。通过对怒江中上游的测试结论可知新墙体材料较之传统建筑材料密度大、含水率低，蓄热性好。因此，现阶段这种建筑材料是可行的；长远阶段来看，这种建筑材料是不降解的，对于怒江国家级生态保护区的建设来说，寻找可持续的建造构件及结构体系是建筑师不可推卸的责任。

（2）空间

新民居的空间类型受屋顶结构的影响，分为三种：其一为纵向墙体直接承受屋面荷载，因此房屋檐墙可随意决定其砌筑的高度。这样出现了类似传统民居那样的房屋顶部的非围合空间；其二为屋顶采用△屋架，不作吊顶，墙体砌至△屋架的平梁之下，上部不围合；其三为采用△屋架，室内作吊顶，居住空间封闭。根据调研，福贡地区三种空间形式皆有，贡山地区多为室内设吊顶的封闭空间。可见，新民居空间是否封闭，打破了地区界限，受到传统空间形态以及新技术的双重影响。

（3）朝向

新民居建筑材料的热惰性差，得热后墙体温度波动幅度大，室内迅速升温。为了适应湿冷气候，直接得热、利于自然通风的室内热环境优于其他类型的传统民居；而纯北向空间围合的卧室最不舒适，尚不及传统竹篾房。

第4章　怒江流域多民族混居区民居可持续发展建设策略

4.1　多民族混居区民居的地域性认知总结

4.1.1　认识总结：民居的地域性

1. 民居地域性解读

（1）居住空间的地域性

峡谷北部的独龙族、怒族传统房屋以独立的间（开间、进深约为5.5～6m）为基本单位，房间的组合常见有两种形式：一种由两房间组成，结构彼此独立，居中进出，中间留出一缓冲空间。两房间一间作为火塘兼老人居住，一间供年轻人居住；另一种为独立的单间房屋，旁边不远处布置一粮仓。怒族民居中亦有依次布置2～4间的形式，用连廊连接各房屋，其中带火塘的房间置于端部，从侧面进出，是家庭集聚、就餐的核心，其结构独立于其他房间。空间的竖向经过周全的整理，从下至上分为牲畜（饲养牛、猪）棚、居住层、硕大厚重的坡屋顶夹层空间（储藏粮食、肉类）。在地势陡峭的高海拔地区，也有牲畜圈独立布置的形式。

峡谷南部的傈僳族、怒族传统房屋以单一的长屋为居住单位，室内布置火塘，集炊事、居住、会客等所有日常需求。规模大的长屋内侧用竹篾墙分隔出居住兼储藏的小房间。室内有吊棚，坡屋面下的夹层空间作储藏粮食之用，吊棚之下亦悬挂食物。由于这一地区建筑采用千脚落地的形式，架空的底层木桩林立，仅作为存放杂物之用。

（2）结构体系的地域性

峡谷北部的独龙族由于居住在海拔1700m以上的山区，地势陡峭，民居多为井干—平座结构。怒族村落由于居住在地势较缓的山坡台地上，故房屋有两种形式：井干—干栏式及井干—土墙式。井干墙体和夯土墙体只起到围护作用，承重结构则为独立的梁柱体系。室内空间为覆土平顶屋面，而平屋面之上则单独架设不加以围合的坡屋面，形成坡屋顶夹层空间。房间四角及中央布置5颗承重柱，其中中柱伸出平屋面支撑坡屋面，由此体现出室内空间对中柱的重视。

峡谷南部由于纬度、地势平均海拔均较北部低，气候较峡谷北部温热，潮湿，故这一地区的传统少数民族住屋多采用千脚落地结构房屋。这种结构形式采用打桩固定法。将数十根直径 10cm 的细木桩钉入坡地上，之上架设木板，取得平整的居住层。千脚落地住屋的屋面皆采用“人”字形屋架，榀数一方面由长屋的宽度决定，一方面由所用木材的粗细决定。

（3）构造、材料体系的地域性

怒江中游一带少数民族住屋构件之间的连接方式主要采用捆绑节点、周边支撑的形式。作为主要承重的梁柱构件采用简单的人工砍槽或天然的树杈搭接。受周边白族、纳西族、藏族等民族住屋建造的影响，也出现了主要构件采用榫卯的形式。

材料的使用也具有地域性：(1）墙体：贡山地区气候较寒冷，维护墙体采用生土夹杂碎石、稻草的墙体以及井干壁体。福贡的低热河谷区围护结构采用片石砌墙、竹篾墙、木板墙，高海拔的山腰多采用竹篾墙。(2）屋面：贡山地区的传统坡屋面采用当地山区的一种质地较软的页岩，经人工劈削成为规则的方形或者长方形的薄片，也称滑板或者闪片。福贡地区的屋面多采用薄木片前后搭接，茅草顶在这些地区的高海拔山区上仍依稀可见。

（4）民族文化在建筑特色上的弱化现象

民族文化的表达在建筑上常常通过形制、装饰符号、色彩，表达特定群体的生活方式和审美情趣。调研中发现，怒江中游山地各民族住屋的差异并不明显，表现在相同的建筑形式、火塘崇拜及中柱装饰上。值得说明的是贡山一带各民族住屋对中柱的重视（有的人家室内中柱插松枝或雀替装饰），显然受到藏风的影响。这点从地缘学的解释上也是可行的，由于怒江峡谷呈南北走向，峡谷的北端为西藏察隅县，东北面为迪庆藏族自治州，怒江中游位于藏彝文化走廊的西部边陲地带，故贡山地区尤其是丙中洛乡民居带有明显的藏式装饰风格。

4.1.2 现象总结：“怒江民居”及其应用

传统民居的研究，从类型上分为两大类，其一按地区命名的民居类型，如山西民居、云南民居等，主要针对汉民族分布地域较广、民居类型丰富的情况；其二按民族名称分类，诸如侗族民居、白族民居等，主要针对分布地区较集中的少数民族，无论是建筑形制还是审美情趣都有鲜明的民族特色。怒江中游众多的少数民族，由于民族特色并不明显，兼有小聚居、大杂居、交错混居的居住方式，若将其民居类型按民族名称来定义，诸如傈僳族民居、怒族民居、独龙族民居等，会造成理解上的错觉，事实上人们难以从表面上分辨各民族民居的区别。现状表明，一味地按民族名称来区别各民族民居的类型对于新民居的建设亦没有现实意义。相反，这一地区共同的生产力发展水平决定了人们应对气候、自然环境的一致性，使得民居表现出相似的地域特征。因此，本书提出“怒江民居”的概念（图 4-1）。

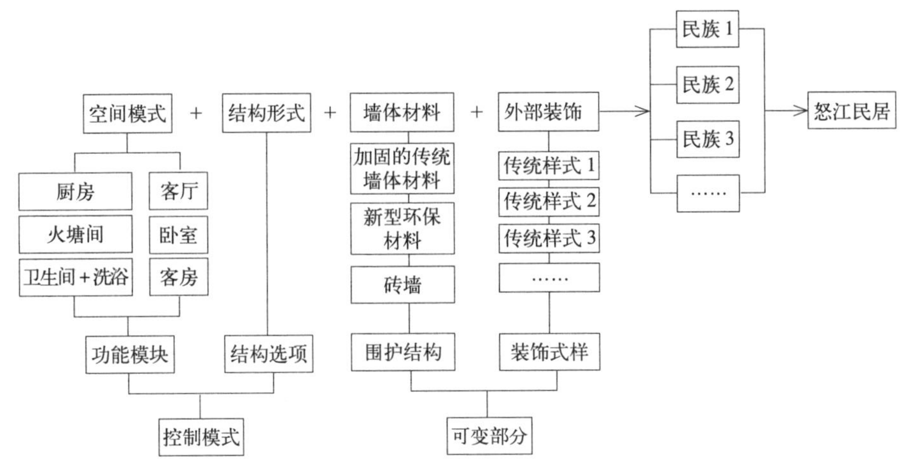

图4-1 “怒江民居”的构成要素

怒江民居具有 3 个方面的内涵：(1) 共同的地域条件从根本上决定了不同民族对待自然条件的态度是一致的，造就了相似的构造作法，即各民族民居存在着共性；共性是宏观层面的地域应答措施，用于表达地域特色；(2) 不同的民族或者不同地区的聚落，在建筑空间组织、装饰表达方面存在着差异性——个性；个性是微观层面的民族应答措施，用于表达生活方式、居住行为的差异性，并且尝试探寻表达民族特色的途径；(3) 改革开放后，怒江地区受外来文化的强势影响，传统的社会文化与观念发生嬗变。原始的建筑观念及建筑审美在新建筑技术的影响下也随之变化。因此，怒江民居是随时代不断发展变化的。科学理性的对待民居更新对于发展怒江民居的地域特色至关重要。

只有建立对怒江民居的系统认识，才能做到科学地引导怒江民居的发展、更新。怒江民居的三个内涵分别对应三方面的设计原则。其一，怒江地区属于立体垂直气候，微气候差异显著，设计中应汲取传统民居的生态经验，创造出体现地域特征的新民居，有效降低住宅的能耗。其二，民居的更新既要满足当代生活的需要，又要突出各民族的区别。影响个性表达的因素可以是多样化的：民居空间的组织方式、装饰符号、维护材料、色彩等都可以表达民族、聚落的个性。其三，怒江民居的更新并不能一味地要求复古，也不能简单地抄袭城市建筑模式。而是要将新的房屋结构形式、新的空间模式与传统生活方式结合，创作出使用适宜技术的、基于传统的现代空间模式，体现怒江民居的时代特色。

4.1.3 民居发展解决的问题

1. 改善居住质量

怒江地区的山地民族居住条件差，表现在：(1) 日常生活围绕着传统火塘。一方面居室内表面被烟熏得乌黑铮亮，影响居室美观；另一方面，常年烟熏不利于人们身体健康。此外，火塘是房屋安全的重大隐患之一，因火塘致房屋失火现象时有发生；(2) 房屋数量少，居住的私密性差；(3) 缺乏放置现代化家用设备的空间，洗衣机普遍放置于室外；(4) 缺乏卫生设施，给人们生活带来不便；(5) 湿冷及湿热影响室内环境的舒适。目前，新建民居普遍采暖使用火盆，传统民居依靠火塘，皆影响了居住环境。因此，"人人享有适当住房"、营造安全、舒适、便利、清洁的居住环境是新建民居的任务，也是民居更新的动力。

2. 保护生态环境

怒江地区位于我国西南横断山区，拥有丰富的森林资源，其对维护生态平衡、气候稳定发挥重要作用；变化显著的垂直气候区，拥有珍稀的野生、动植物资源，是研究动植物基因的宝库，该区域被誉为世界自然遗产。随着怒江地区人口密度不断增大，消耗了大量的森林资源，环境容量变小，人地矛盾突出。保护生态环境、维持生态平衡是全人类的义务。然而，经济的发展，居住环境的改善与保护环境产生了矛盾。因此，可持续发展、于发展中寻得生机是当今不二的选择。

3. 延续弱势民族文化传统

民族文化就是一个民族在社会发展过程中所创造和发展起来的具有民族特点的物质、精神文化的总和。任何一个民族文化都是该民族在特定的环境和历史条件下创造的，表现出特定的类型和与其他民族文化的本质区别。少数民族文化是中华民族文化的组成部分，加强少数民族文化的建设，尤其是弱势民族文化的建设，对于建设精神家园、生态环境都有着至关重要的意义。首先，少数民族文化是各民族在千百年的生产生活实践中沉淀、积累的总和，是少数民族最持久的特征。共同的文化是维系各少数民族存在的纽带，也是各少数民族的精神寄托。少数民族文化是该民族独立于其他民族的内在特征，是维系民族认同的根源①。对于怒江多民族混居区来说，地处多国边疆交汇地区，各国的政治、经济、文化形态不一，因此，加强边

① 郝亚明.少数民族文化与中华民族共有精神家园建设[J].广西民族研究，2009，(1)：1-5.

疆地区的少数民族文化建设，对于维系边疆地区稳定意义重大。其次，随着人类生存环境的恶化，人们开始寻找我国传统的人与环境和谐共生的理念。少数民族传统文化根源产生于漫长的生产实践中，文化可理解为“自然的人化”。少数民族文化的意义与当今世界提倡的可持续发展一脉相承，具体表现在：(1) 怒江地区传统的刀耕火种耕种方式，采用了轮歇制的土地使用制度，避免了过度种植产生的土壤退化现象；(2) 山地民族信仰万物有灵，神山神林分布广泛。在山地民族意识里，神林是神灵栖居的地方，人们除了在祭拜山神、地神之时可以进入神林外，其他时间严禁入内①。在“文革”、“大跃进”期间，怒江地区的森林、矿产资源遭到了极大破坏，唯独民众普遍信仰的神山神林保存完好。

少数民族传统文化纵然有诸多意义，在社会进入工业化时代后，科学技术飞跃发展，人们对自然界的认识与掌控能力增强。传统文化的社会教育功能逐渐被法制代替，宗教信仰逐渐被现代医学、科学知识取代。在破旧立新、标新立异的年代里，传统文化由兴盛经历了衰退、变异。对于怒江多民族地区，历史上文化传统本就属于弱势、孤立的范畴，如今，由于各民族地区的基础薄弱，发展缓慢，在汉文化影响之下，民族文化更是处于岌岌可危的境地，需要人为的扶持、保护、延续。

4.1.4　地域性民居的发展特征

1. 地域性建筑的产生

现代主义建筑、后现代主义建筑、地域性建筑有着一脉相承的发展关系。对源于欧洲的地域主义建筑（产生与第一次世界大战之后的欧洲）的修正，并由此产生了后现代建筑思潮（20 世纪 70 年代以后）。同时 20 世纪 70 年代后，能源危机、环境危机接踵而至，与后现代主义思潮并驾齐驱的另一支劲旅，即建筑的生态节能运动，同时引发了低能源建筑、高技派建筑、生态建筑、风土建筑的热潮。至今，绿色建筑已经成为一个最时髦的用语。绿色建筑的发展由两条脉络构成，一为高技派，主张使用高科技达到利用清洁能源、节约常规能源的目的；二为适宜技术，主张使用适宜技术、低技术等达到此目的。可以说，正是在绿色建筑思潮的推动之下，产生了地域性建筑理论。其理论包括：新乡土主义、抽象的地域主义、批判地域主义、后现代地域主义以及全球—地域主义构成②。这些理论使地域性建筑思潮不断充实、完善。

① 尹绍亭 . 云南山地民族文化生态的变迁 [M]. 昆明：云南教育出版社，2009：141.

② 王育林 . 地域性建筑 [M]. 天津：天津大学出版社，2008.

2. 地域性建筑的几个特征

国内关于地域性建筑的研究，由一开始片面地关注文化视角，扩展到全面认识地域性建筑的三个属性：文化、环境和技术、经济。本书的写作过程，一方面是对少数民族混居区地域性建筑研究方法的探索，也是对建筑的地域性不断思索的过程。本书首先从文化视角展开对传统民居空间模式、居住者行为方式、建筑审美的等方面的研究；其次从环境视角，解读了传统民居结构方式、空间模式，并辅助以物理环境测试的手段，认识其材料、空间模式与气候的适应性。以上章节的研究是希望建立对传统民居全面的认识。然而，研究建筑的地域性，不等于研究传统民居。新建筑如雨后春笋般占据怒江峡谷，除了表面看到的混凝土方盒子的建筑风格，本书仍在思索其存在的深层次原因。研究发现，不能一味地戴着有色眼镜对乡村地区的混凝土建筑进行批判，诸如忽略地方特色、忽略生态环境等。而是应该理性地对这一现象进行认知，事实上混凝土方盒子在怒江地区经过十多年的发展，已逐渐具有了新的地域特征，初步反映了对环境、气候的适应性。能够引起新建筑运动的，当属现代技术的应用。本书以技术的视角研究了新民居中，经济、气候因素对技术的制约以及技术的社会属性的不完善。通过本书二、三、四章节的研究以及国内优秀的地域性建筑的代表工程（这些工程取得了良好的社会效益），研究发现，地域性建筑应该具备如下几个特征：

（1）不断发展属性

传统民居演变至今，出现了三种情形：一种为已经不再建设，也不再使用的，这类建筑的代表作具有历史文化价值，被文物单位保护、旅游局管理，例如陕西韩城党家村；第二种为不再建设，但仍旧使用的，代表建筑为福建土楼；第三种为仍旧建设，尚在使用的传统民居。代表建筑为陕西窑洞。第三种民居能够适应时代发展的需要，表现了传统民居顽强的生命力。大量建设并使用的第三种民居成为当代中国地域建筑的典型代表。以窑居为例，新窑居绝不是过去窑居的复制，建筑结构选型以及建筑空间模式都已经进行过“改装”，并采用低技术改善了室内的热物理环境（图 4-2）。由此可见，地域性建筑是发展着的传统地方建筑，是传统建筑的地方化。因此，研究地域性建筑要有发展观。

图4-2　陕西延安村民自发建造的新型窑洞

（2）示范作用。

以往认识地域性建筑，都是从其文化符号、地方建筑材料等角度看待地域建筑的。的确，大量有责任感的建筑师都在努力探讨地域建筑的创作方法，许多地方出现了有标识作用的“地方建筑”(图 4-3),这些建筑令人耳目一新。相比之下，本书关注到新出现的另一类地域建筑，例如云南永仁县彝族移民搬迁示范工程项目、四川大坪村灾后重建项目等（图 4-4、图 4-5)。这类建筑名不见经传，却带来了良好的示范性。其建造的过程皆采用模式控制、示范——村民联建的方式，产生了良好的社会效应。只有当村民认为这是“好”的建筑，村民才会争相去模仿，进而推动了集体性的建筑活动。这些建筑产生的示范效应，归根在于具有良好的经济属性，即建筑费用与村民经济承受力相当，或者其建筑模式满足阶段性建造，并为以后的发展留有空间。只有大规模的建造，成为构筑起一个地方的地域景观，才可称之为真正的地域性建筑。

图4-3　西藏阿里苹果小学远景

图4-4　云南永仁县彝族移民搬迁（2002~2006年）

图4-5　四川灾后重建生态民居建筑（2008~2010年）

（3）环境效应。

现代化的钢筋混凝土建筑在建筑过程中消耗大量的不可再生的自然资源以及能源，并且在使用的过程中，过度依靠设施调节室内气候，消耗能源。同时，建筑寿命短，并且建筑报废后产生永久建筑垃圾，人类的这种建筑行为干扰自然生态平衡。20世纪70年代，能源危机之后，人们开始意识人类生存的环境问题，提出可持续发展的观念。该概念定义为："既能满足当代人的需要，又不对后代人满足其需要的能力构成危害的发展。"地域性建筑的发展，一开始就带有批判的性质，对现代主义建筑的环境效益、社会效益、文化效益进行质疑。由此，地域性建筑应该满足节能、低碳、生态可持续发展的环境效益。

（4）地域文化标识性。

地域性建筑应该承担起复兴地域文化的义务。建筑文化及其符号内涵丰富，涉及诸多方面：①建筑文化涉及深层次的社会伦理、风尚、信仰，表现为一个地区人们思想意识的统一性。例如我国传统民居建房过程中有诸多讲究，建房动土之前对土地的膜拜仪式；建房过程中抬梁的仪式，甚至至今在我国南方存在着依靠鲁班尺确定房屋吉位的做法等等。当房屋落成后，这些行为活动转化为人们对福寿康宁的心理暗示；②建筑文化与崇尚礼制之社会风尚息息相关。表现为一个地方所有民居皆有的、具有特殊含义的建筑空间，这个空间（容器）成为这一地区建筑模式的基本语言。以海口市老城区天井（没有院落）民居为例，三间式二层布置，底层堂屋入口正对面的上方为高高在上的祖先牌位，或者是歌功颂德、教化子孙后代的牌匾。海口周边的农村地区，住宅堂屋中的祖先牌位布置更为庄重；③建筑文化表现在建筑符号上。出自于工匠之手的精美绝伦的砖雕、木雕以及美轮美奂的建筑彩绘，显示了主人的身份、地位、审美情趣，同时这些装饰也被赋予了驱邪避灾、祈祥求福的丰富含义；④建筑文化符号除了装饰之外，还包括与气候相适应的构造作法。传统的构造作法并非一定出自工匠之手，而是世代相传的地方技术，为普通居民所掌握。例如，我国南方地区的双坡通风屋面、天井，新疆地区泥塑的遮阳窗户、晾台等。

地域性建筑文化旨在强调第三个层次的文化内涵的表达方式，并且关注第二个层次的表达，这主要取决于当地民风、民俗的保存情况。文化的标识性主要体现在吸收当地优秀的建筑文化成就，一方面指与建筑装饰相关的艺术成就；另一方面指与自然环境相关的技术语言。地域文化的精粹是尊重自然，柯里亚也曾说道：在深层结构上，气候条件决定了文化及它的表达方式，它的习俗和它的礼仪。气候乃是神话之源。可见，改造自然环境的技术语言[①]以及产生的技术语言模式乃是地域文

① 王育林．地域性建筑[M]．天津：天津大学出版社，2008：7.

化表达的本质。地域文化的标识性主要体现在技术语言的表达以及建筑装饰符号。

3. 怒江地域民居发展的阶段性

地域性建筑的发展依托于传统民居，并吸取现代建筑的先进性，因地制宜、因势利导地发展。当前的怒江民居建设，采用混凝土空心砌块，是较为合理的选择，尽管存在诸多问题。对于当今的混凝土建筑，只要做好空间的防潮、通风、取暖处理，是可以改善当前居住环境的。长远看来，混凝土空心砌块因高碳排放量以及不可降解性，不利于怒江地区的长远发展，建筑师面临着探索如何使用绿色建材、中低技术、生态技术的重任。因此，怒江地域性建筑的发展是一个漫长的过程，应该按照可持续发展原理，循序渐进地进行发展。

地域性建筑应该是“先进性”的建筑，只有这样才具备发展的动力。其次，地域性建筑应该显现出对解决社会问题和人文精神的关注[①]，具有良好的示范性及推广意义。然后，地域性建筑应该是实行低耗资源和能源的建筑，保护和改善生态环境。最后，地域性建筑的形式语言是丰富多样的。对地域文化的表达，并不局限建筑师对形式和风格多样化的追求，但应强调使用规范的、与自然环境契合的技术语言。从这个角度讲，建筑文化的表达，并不是把建筑作为艺术或别的东西谈论，建筑乃是用一系列特定的材料及一系列合理的方式进行建构的过程和结构[②]，建筑的文化标识是一种自然的流露。

4.2 “怒江民居”更新的自然环境及社会背景

4.2.1 生态环境变迁

1. 人口增加，生活水平提高

以怒江傈僳族自治州的傈僳族为例，1953 年全国人口普查，傈僳族人口 110661 人；1990 年 222037 人；1995 年 231601 人，占全州总人口的 51.04%；2010 年 257620 人，占全州总人口的 48.21%，与 1995 年相比，虽比重下降，然人口基数仍旧增长。在近 50 年时间内，傈僳族人增加了 146956 人。其他少数民族，诸如怒族、独龙族等，同样面临着人口的不断增长。从生态学角度看，人口问题归根到底是人口与资源、环境的关系问题[③]。对于怒江地区来说，居住条件尚好的土地弥

① 卢峰，张晓峰 . 当代中国建筑创作的地域性研究 [J]. 城市建筑，2007，(6)：13-14.

② 毛刚 . 生态视野.西南高海拔山区聚落与建筑 [M]. 南京：东南大学出版社，2003：218.

③ 徐梅，李朝开，李红武 . 云南少数民族聚居区生态环境变迁与保护 [J]. 云南民族大学学报（ 哲学社会科学版），2011，28 (2)：31-36.

足珍贵，不断增长的人口容量超出了自然环境的承载力，由此产生了民族内部求新求变的动力。同时，由于倡导“让一部分人先富起来”，致富的观念在怒江山区逐渐成为主流的价值观念。这可从农村村主任选举情况可见一斑，以往村里头人都是南撒（独龙族）、尼（傈僳族）、（怒族），头人选举的标准主要看是否懂巫术，是否道德高尚；如今村主任选举的标准则为主动致富，并带动大家共同致富。一部分先富起来的人们要求改善传统的居住环境，然传统的居住空间并没有为现代化的家用电器、家具、设备预留空间，因此，传统空间模式与改善居住环境的愿望发生冲突，促进了新民居的建设。

2. 生态环境恶化

导致生态环境恶化的方面主要来自于农业种植、森林开采、矿产开发。(1) 新中国成立后，怒江中游地区各族人民过上安定的生活，人口进入快速增长阶段。人口的快速增长，使人均耕地面积逐年减少。由于历史存留下来的“刀耕火种”以及人地矛盾的加重，怒江流域陡坡垦殖很普遍[①]。截至 2004 年，全州共有耕地 71.87 万亩，河谷台地占 8.76%，半山耕地占 64.68%，高寒山地占 26.61%。大量的陡坡垦殖导致严重的水土流失、地质灾害，并使农业生态系统呈非良性循环模式。据统计，全州耕地中，坡度在 25° 以上，需要退耕还林的耕地占 42.19%；(2) 由于人口增加，毁林种粮成为解决吃饭问题的主要途径。目前，怒江州海拔 2800m 以下的人类频繁活动区域，地面上主要以旱地和灌草丛为主，森林覆盖率仅 10% ～ 20%。2000m 以下的区域，森林已基本砍伐殆尽。由于薪材为怒江各族人民的主要生活燃料，加之砍伐通过手工砍伐，出柴率低，薪柴年均消耗占总消耗的 56.3%。另外，怒江山区天然林多，人工林少，森林更新仍然以自然更新为主，难度大，周期长，有的地方已丧失了自主更新的可能。目前，海拔 2800m 以下的地区多已开垦为农田，或者乔木层砍伐后沦为了次生林，这种状况已由来已久。总之森林面积的减少，使山区雨季出现泥石流，旱季出现干沙流；(3) 人类对自然的利用，往往缺乏对资源利用的全局规划。怒江州境内拥有铅锌矿、羊脂玉、钨、锡等丰富的矿产资源。一项资源的利用往往造成其他资源或者环境的破坏，如开了矿就丢了农、林，矿产资源的开发导致资源浪费严重、植被破坏，生命财产以及生态环境遭受极大威胁。总之，怒江州地区由于人口快速增长、唯经济发展至上，加之该地区人口素质普遍低下、经济基础薄弱，造成了自然资源的盲目掠夺，其结果只追求一时之快，忽视了子孙后代的长远利益。

① 罗为检，刘新平，高昌海．云南怒江流域土地资源利用的主要问题及退耕工程探讨 [J]，云南地理环境研究，2001，14 (1)：85-91.

3. 移民搬迁

生态贫困是指由生态环境恶化而导致的贫困[①]。怒江州属于典型的生态贫困区，据统计特困人口主要分布于海拔 1500 ～ 2000m、平均坡度大于 25° 的山区，全州共有 260 个贫困村，人均收入低于 625 元的特困人口 13.75 万，占农业总人口的 34.2%，基本丧失农业生存条件的特困人口 12.5 万，占农业总人口的 31.09%[②]。由怒江州特困人口的生存条件，就地扶贫是难以做到的，必须实行移民扶贫。移民扶贫并不仅是居住点的简单改变，还涉及土地、房屋、居住习惯、民俗文化、宗教信仰、就业、环保、公共福利等诸多文化适应融合、社会管理内容[③]。移民新居的建设是关乎移民者安居乐业的重要保障。自 1996 年怒江州易地开发扶贫搬迁进入实质性启动阶段以来，因水电建设移民、生态扶贫移民安置 36833 人，极大地促进了新民居建设（图 4-6）。

图4-6　2000年怒江东面沿线福贡县小沙坝底移民扶贫项目

4.2.2　社会文化与观念嬗变

社会转型（social transformation）意指社会从传统型向近代型、现代型的转变。社会转型有三个主要的含义：一是社会体制在短时间内的急剧转变；二是社会结构的重大转变；三是社会发展的阶段性转变。总的来说，怒江地区经历了以社会政治体制变革为主的 20 世纪 50 年代社会转型；以经济变革为主的 20 世纪 80 年代社会转型。20 世纪 80 年代之后怒江地区全面进入现代化建设，市场经济取代农耕经济，

① 陈南岳 . 我国农村生态贫困研究 [J]. 中国人口.资源与环境，2003，13（4）：42-45.

② 付保红等 . 怒江州农村特困人口现状及工程移民扶贫研究 [J]. 热带地理，2007，27（5）：451-454，471.

③ 冯芸，陈幼芳 . 云南怒江傈僳族自治州实施异地开发与生态移民的障碍分析及对策研究 [J]. 经济问题探索，2009，（3）：68-73.

内地主流价值观念逐渐取代传统价值观念，社会正在经历一场关于文化变迁及传统观念嬗变的深刻变革。

1. 文化变迁

文化地理学中，文化被视为现实生活实际情景中可供定位的具体现象（原著中文化以复数形式出现），包括推动文化发展的所有机构，例如商店、展览馆、影院，也包括戏剧、艺术、文学、诗歌等精神文化[①]。本书借助这一概念，研究怒江地区的商业文化对当地的冲击。新中国成立之初，怒江流域地区大部分处于相当原始的自然经济阶段，农业沿用“刀耕火种”的原始耕作方式，产出率极低，大部分农户依靠采集、狩猎、编织等方式才能维持生存。商品交换关系处在生活必需品“以物易物”阶段，基本没有商品市场。社会闭塞，人民生活处于极端贫困状态。新中国成立后，怒江地区“边四县”经历了“直接过渡”、缓冲土改、农业的社会主义改造的发展阶段，积极建立农业生产合作社以及家庭联产承包责任制，这种新的农村经济制度的确立，促进了生产的大发展[②]。尤其在1979年实行改革开放政策以来，怒江地区发生了翻天覆地的变化，产业结构逐步调整，形成了以农业为主的多种社会经济的支柱行业。当社会出现越来越多的剩余产品时，便萌生了各种商业活动。新中国成立前，“羞于经商”的观念是根深蒂固的。进入20世纪50年代后，在一些乡镇和交通要道上，逐步有了由群众自发组织的小型农村集市，被称为“草皮街”和“露水市场”[③]，集市时间短，一般是上午11时左右人们开始到来，下午2时左右陆续散去，属于“随街而市”的性质。进入20世纪80年代，传统意义的市场开始发展起来，出现了固定的赶集地点和赶集日期（图4-7）。农贸市场以及传统的“赶街天”给人们提供了一个信息交流的机会，少数民族传统的手工制品、山野猎物成为一种文化载体被城市居住的汉族等其他民族群众接受；同时，其他地区的商品，如五金、百货、电器也逐渐进入乡村生活，其附带的普世的审美倾向、技术观念也影响着广大乡村地区人们的价值观念。自20世纪90年代以来，市场经济渗透到农村生活的各个方面，即使在遥远的山区，农户的生计形式也发生了变化。调研中的怒族、傈僳族、独龙族家庭中都有外出务工的青年人，大多外出的地点为上海地区。外出务工的年轻人一方面可以增加家庭收入，降低贫困脆弱性[④]；另一方面他们受到大城市的社会文化观念的熏陶，返乡后会努力提高乡村生活质量，促使了居住建筑、家用设备等方面的更新。

---

① （英）迈克.克朗．文化地理学[M].杨淑华，宋慧敏译．南京：南京大学出版社，2003：2.

② 吴金福，李先绪，木春荣．怒江中游的傈僳族[M].昆明：云南民族出版社，2001：99-102.

③ 吴金福，李先绪，木春荣．怒江中游的傈僳族[M].昆明：云南民族出版社，2001：216.

④ 郃秀军，罗丞，李树茁，李聪．外出务工对贫困脆弱性的影响[J].世界经济文汇，2009，(6)：67 ~ 76.

图4-7 福贡上帕镇逢周四赶集日

2. 民族融合

怒江地区的各少数民族在空间分布上呈现大杂居、小聚居与交错居住的特点，这是由历史上族际关系决定的。据史书记载及当代民族学者的分析，至迟在元代怒江地区的怒族、傈僳族尚未有明确的“族群边界”，在文化上依然比较接近；在贡山北部地区，独龙族与怒族之间的文化差异更不明显，二者也尚未完全分化。分化的过程是伴随着民族政权组织的演变，与外界交流日益增多而完成的[①]。随着时代的变迁、民族平等、和睦相处已经成为民族基本政策，在此基础上各民族展开了更为广泛的交流，深刻影响了各民族的居住建筑文化。怒江峡谷北段在地缘上靠近藏族，自北往南民居空间布置上出现了类似藏族民居的式样。而峡谷的南侧，受汉族民居的影响，自南往北逐渐出现了三间式的布局。例如，福贡老姆登的怒族民居及上帕镇的傈僳族民居都在演变的过程中采用了这种布局。尽管在对中堂的认知和布局方式上与汉民族民居不尽相同，但这和传统的怒族、傈僳族民居的形制已有所不同。

3. 观念嬗变

随着怒江地区的现代化建设，市场经济代替自然经济，在一些偏远山区，甚至以激进的方式取代农耕自然经济基础。由于怒江乡村地区，人们的思想观念比较落后，人们的受教育水平处于较低层次，因此，社会体制变革以及社会文化变迁受到强势的外界主流文化的冲击以及自身人口增长、环境恶化的内外源因素的影响。文

① 高志英，熊胜祥．藏彝走廊西部边缘多元宗教互动与宗教文化变迁研究 [J]. 云南行政学院学报，2010，(6)：157-160.

化的变迁不可避免地在人们的头脑中留下痕迹，即传统观念在社会震荡和文化冲击下产生了新的思想观念，表现在宗教信仰、生产观念、婚姻观念以及教育观念：（1）传统宗教的社会控制力削弱，现代社会的各种法规取代了原始宗教对社会的约束；（2）现代科学技术取代传统农业生产以及各种禁忌活动；（3）一夫一妻制家庭模式的建立；（4）以选拔人才为主的学校教育取代了以传授农业知识、社会道德的传统教育。尽管人们的思想观念表现出对内地主流文化的趋同，并不是说传统文化就屈尊主动让位于内地主流文化，而是表现了与主流文化的冲突与不协调[①]。

4.3 “怒江民居”可持续发展建设策略

4.3.1 自然环境的适应策略

1. 房屋寿命与环境保护的辩证关系

（1）就地取材与“不求恒久”的环境策略

怒江地区传统民居受过去半定居生活的影响，使用年限很短，一般 3 ～ 7 年。所用建筑材料大都来源于场地周边，包括林木、竹子、石头等。当人们搬迁时，竹篾房大都遗弃，不对环境产生负担；井干房所用材料可以拆卸下来，随身携带，至新场地后按照标记好的顺序重新建设。可以回归自然界的竹篾材料，由于手工编织，成本廉价，废弃也不会对家庭经济造成影响；而井干房，与装配式房屋类似，可重复建造。这两种建造方式遵循了“房屋较短的寿命 + 实现自然界物质循环”的发展模式，为当今建筑的可持续发展提供了可资借鉴的地方。

（2）新材料与“长的房屋寿命”的环境策略

研究传统民居，不难发现任何一个古村落，不论历史是否辉煌，遗存至今的传统民居大多呈衰败现象，往日繁复生机不再；纵然如此，前来参观的人们还是能够轻易辨别出至今尚好的古民居。这些古民居，不外乎出自当时的乡绅名家之手，房屋无论在选材、做工均为上等。百年沧桑之后，历久弥新，就在当今，仍然堪称传统民居之典范。虽然那些规模宏大的高质量的民居，建造当初，耗工耗材，然而从长的房屋寿命的角度来看，无异于节省了建筑材料。因其一旦建成，在未来相当长的历史时期内，几乎不会给环境带来任何干扰，从长远的角度来看，与保护环境的目的一致。

我们当前的建设量呈现快速增长趋势。其中拆旧新建活动频繁发生，一方面是

① 杨甫旺 . 少数民族传统文化的两难境地 [J]. 楚雄师范学院学报，2005，20（4）：38-41，52.

由于政策等人为原因造成，另一方面面临拆除的旧建筑不乏存在空间布局、结构安全、施工质量等问题，导致建筑的发展跟不上时代诉求。新建民居，若能汲取传统建筑之经验，采用新材料的同时，追求房屋的功能实用、结构坚固、工艺精湛，以建筑精品意识建造之，势必可以延续房屋的寿命，兼顾长远发展的利益。

2. 中多层高密度台阶式山地聚落

若能实现建筑空间规模在一定程度的拓展，满足家庭代际增长的需求，减少民居拆除新建的概率，也不失为一种保护环境的策略。实现住宅空间的扩展，不外乎两种途径：一为预留足够的场地，水平向增加房屋规模；二为竖向扩展空间。由于怒江地区人地矛盾突出，宅基地水平向几乎没有可扩展的空间，因此未来民居由单层向多层发展是未来的趋势。

无论河谷区域或山腰地带，随着现代耕种技术的普及，人工改造、灌溉的梯田已经彻底结束了过去火烧地的农耕习俗，并改变了怒江沿岸山区的整体面目。本着节能节地的建设理念，今后的聚落的建设，可从以下三方面实施：(1) 合理进行高山河谷区域的场地规划。首先对天然水网进行整治，建立起从上而下自流式的灌溉系统（目前，天然水源灌溉、饮水工程已基本全部覆盖怒江山区各聚集点）。土地的划分、功能类型由水系骨架来限定，使农户自然而然按照土地的权属毗邻原则，按照一定规模聚集起来。山地聚落的规模，可以考虑几户到几十户为组团，形成一个邻里单元；(2) 应使主体建筑顺应等高线，建设高密度的台阶式山地聚落，减少单体建筑的宅基地面积，提高聚落的容积率（图 4-8)；(3) 其次合理的组织山坡道路形式。山区道路可由两级构成，一级道路为与城镇公路连接的村级干道，与等高线呈一定角度蜿蜒曲折而上，即“Z”字形乡村道路模式（图 4-9)；二级道路为从主干道横向分出的、与山体等高线近乎平行的次级干道，多直接通向居住层入口空间。

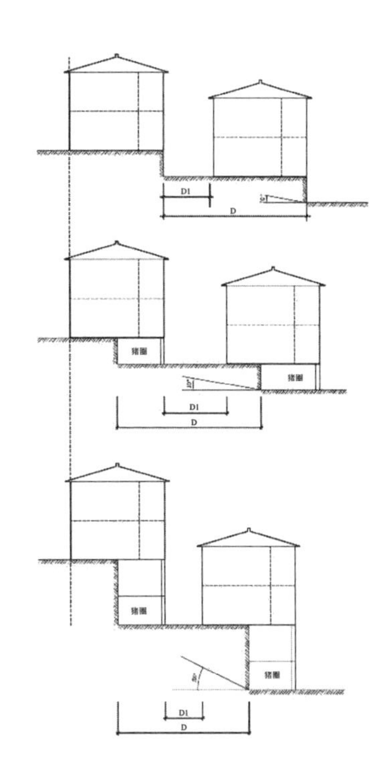

图4-8　中多层高密度台阶式民居山地聚落模式

3. 人工生态系统

怒江山区人口增多、经济开发，造成森林系统耗竭。为了防止继续恶化，人类的家园建设可从以下两个方面帮助生态系统平衡：

(1) 建设高山河谷地区生态住宅

生态住宅是一种系统工程的综合概念。它要

图4-9 "Z"字形山区道路骨架

求运用生态学原理和遵循生态平衡的原则，使物质、能源在建筑系统内有秩序地循环转换，获得一种高效、低耗、无废弃物、无污染、生态平衡的建筑环境①。结合实际用地环境，怒江流域乡村地区的生态住宅建设包括以下几个方面的要求：①合理规划。与山地建筑环境相协调，并且房间光线充足、通风良好、空气质量满足建筑需求；②围护结构节能。围护结构应选用低碳排放的建筑材料，包括就地取材、新型节能墙体材料，围护构件应具有良好的隔热保温性能、门窗密封性能；③利用可再生资源。尽可能使用天然能源，例如太阳能、风能、沼气、地热等绿色能源；增大向阳窗户的面积，充分吸收太阳能；采用太阳能热水器；节能建筑形体、构造设计；④节约水资源。要争取做到就近处理污水，采用污水循环利用系统以及垃圾再生利用装置，对废水和垃圾等进行再利用，减少对环境的污染②。

过去的农业社会，家家户户住房都可以实现能源的自我循环，其循环的模式见图4-10。由图可知，农业社会的住宅是自给自足的模式，实现完全的生态循环。而今天的社会已不是自给自足的住宅之田园般、隐居的生活所能解决，乡村地区更是和城镇地区有着紧密的联系。然而，乡村周边往往是丰富的自然资源，优美的原生态的自然环境兼任着更大范围内的生态平衡的重任，因此，实现一定程度的乡村地区住宅的自给自足可减少对环境的干扰破坏。近些年来新盖的生态民居，几乎皆考虑了生活能源的来源及生活垃圾的处理方式，最大可能实现资源自我循环。总之，实现能源的自循环模式可有效降低建筑物使用阶段 CO_2 的排放量，实现有效节能。

（2）高密度山区聚落可扩大生态系统的规模

小规模聚集的、中高密度的高山峡谷聚落有助于住居环境实现资源的循环，围护生态系统平衡。高密度的聚落具有如下优势：①集中收集、处理环境废弃物和垃

① 骆中钊等. 新农村住宅设计与营造 [M]. 北京：中国林业出版社，2008：290.

② 高建岭等. 生态建筑节能技术及案例分析 [M]. 北京：中国电力出版社，2007：6-7.

圾、家庭难以降解的垃圾，防止污水、废弃物排入河流中；②集约化利用能源。可集中建立“生态单元”[①]，例如地上食品、蔬菜风干储藏间以及地下低温储藏间；③集中节水方案。规划用水方案、给排水方案、污水系统（包括环境污水、家庭未处理污水）、雨水系统。最大限度地有效利用水资源，将污水变成中水，用于公益服务，例如洗车、种地等。

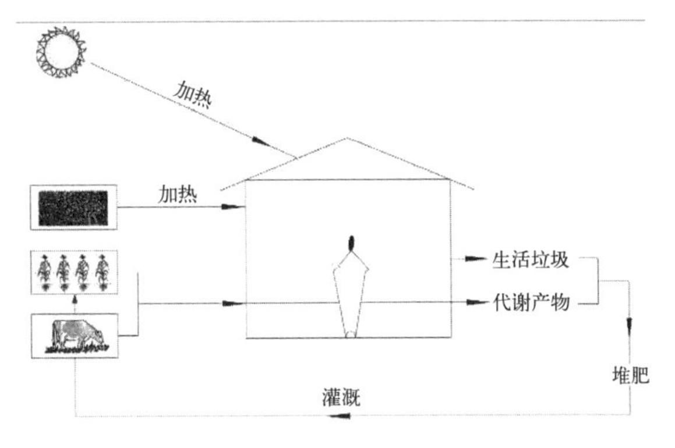

图4-10　原生态住屋自循环模式

4.3.2　技术的传承与融合策略

1. 传统生态经验的继承

民居的节能设计一方面要提取传统生态经验及技术模式语言，包括各种适应气候、环境的空间形式、构造处理手法。另一方面强调设计者及使用者针对新材料、新技术以及气候原理进行创新设计。基于传统，优于传统，不能用传统建筑的功能形式决定新建筑的发展方向，应该着重从时代背景出发，研究符合当代人类生活需求、低能耗发展目标的建筑构造、空间模式、建筑朝向，使得地域建筑不依靠机械设备而达到通风、防晒、保温、除湿等目的。基于此，怒江民居的建筑设计应着重解决如下问题：(1) 自然通风与采光；(2) 怒江北部地区民居的保温与防潮；(3) 怒江南部地区民居的隔热与防潮问题。

2. 新技术的地方化策略

(1) 材料的应用策略（新型生态建筑材料）

1) 适度使用原则（见图 4-11）

传统材料受封山育林政策影响，每户建房建材用量控制在一定范围内。由于新材料具有便于加工制作、运输，廉价等优势，快速取代传统材料成为新民居的主要建材。即便如此，该地区特殊的生境为传统建材提供了生存空间：①封山育林的环保政策保护了海拔 2000m 以上的山区森林地带。然对于较高海拔的山区，考虑到生计问题，政策上为住户划分一定的材薪林，供日常烧材使用。同时，身处林木丰富

① 毛刚 . 生态视野——西南高海拔山区聚落与建筑 [M]. 南京：东南大学出版社，2003：178.

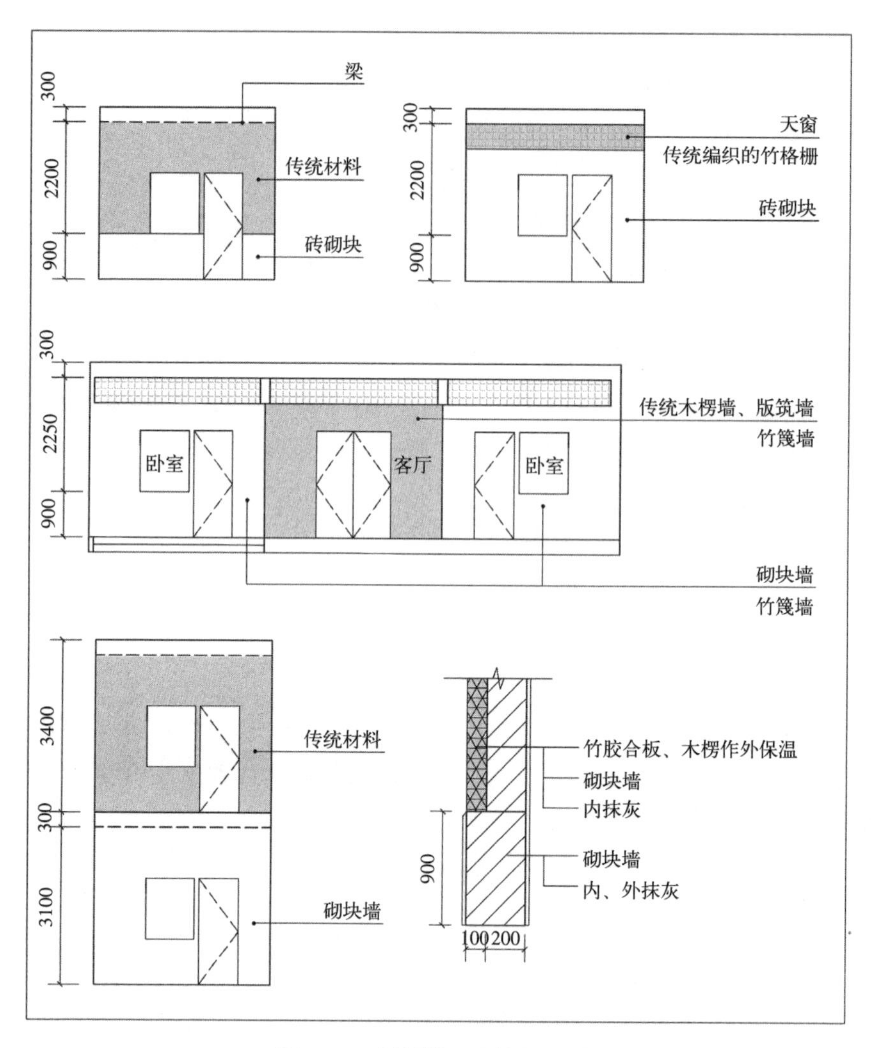

图4-11 材料的适度使用原则

的山区，林木材料始终是第一手获取的资源。因此，政府对于新民居建设不应该一味地强调使用砌块材料，可提出传统材料与混凝土材料配合使用的原则；②不同功能要求的房间可以使用不同的材料。对于私密性、安全性要求高的卧室、厨房，墙体可用混凝土空心砌块，对于客厅、储藏空间的前后外墙可以使用性能改良后的传统材料；③局部使用传统材料。怒江地区传统民居的墙体及地板有着气候调节的功能，以怒江中游河谷地区的民居为例，墙体的上部留排气口，楼板采用竹席地面，皆有利用通风除湿。新民居应该借鉴传统经验，例如，砖墙的上部可采用木质百叶，增加房屋的私密性；架空的楼板或者多层楼板可以沿袭传统做法，采用密肋梁支撑木板或者竹席地面。

2）传统材料新利用

怒江地区的民居之传统建材普遍存在如下缺点：①木楞墙体耗材量大；②木材未经防腐处理；竹篾墙体耐久性差；③房屋建设没有经过社会分工。所需材料由使用者自行准备，建造过程由全村人参与，没有专门的工匠、技师。这些特点决定了在人类漫长的发展历史中，当地民居发展无论是施工工艺或人文精神内涵都滞后于时代平均诉求。事实上，传统材料只要经过科学加工，是可以解决上述问题的：

①传统材料的工厂化加工。充分利用木材、竹材的碎料，进行工厂化加工，防止木材的浪费，提高材料利用率。例如市场上常用的竹 / 木胶合板、颗粒板、桑拿板材等，这些新型建材不仅广泛应用于住宅装修，而且在我国南方乡村地区的住宅建设中也起到了良好的社会效益。四川省大坪村灾后民居快速建设中，就大量使用了竹胶合板及桑拿板。另外，云南民族文化村中的傈僳族、怒族、独龙族新建的仿传统民居中，就使用了一种新型的竹篾表皮与木颗粒粘接的竹木颗粒板，体现了这些民族传统的建筑表皮特色（图 4-12）。

图4-12　新型竹材——云南民族文化村，傈僳族民居

②竹材杆件的应用。竹材具有很多优点，譬如生长周期短、强度大、韧性好、使用寿命长、价廉等。当前我国实行天然林保护政策，以竹代木，竹产业具有广阔的市场前景，尤其适用于自然保护区。然而，竹材也具有不可避免的缺点：首先竹子断面呈圆形，而且竹径中空，使得构件之间的连接产生困难；其次，纹理通直易开裂，很难胜任十字交叉节点的荷载要求。鉴于此，传统竹构 作法大多使用捆绑的方式连接杆件，因此制约了竹材作为现代建材的开发与利用。针对竹材存在的种种问题，国内外建筑师依托现代技术将竹材进行了改善。例如，哥伦比亚建筑师西蒙· 华勒兹发明的穿竿与砂浆注入技术，不仅改善了竹节中部空腔承力效果差的问题，而且通过垂直与平行穿竿的方式，实现三维空间内多竹竿间的相互连

接[①]（图 4-13）。国内昆明理工大学柏文峰教授亦对竹材的应用提出了相关的技术策略[②]。

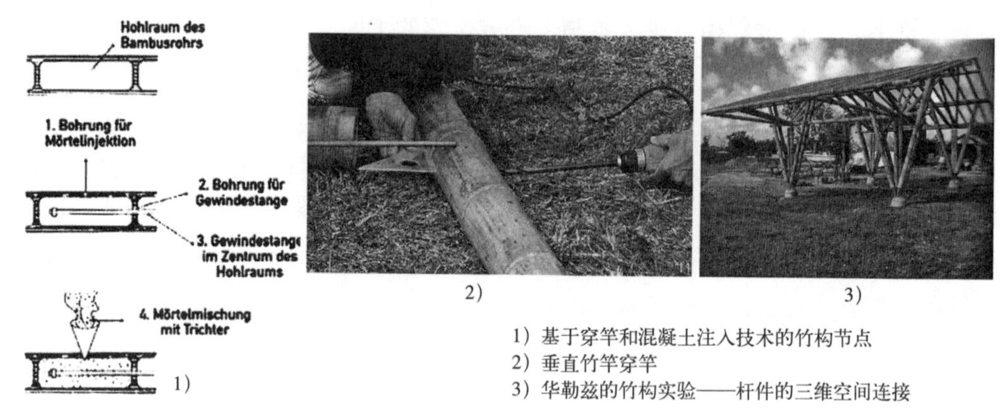

1）基于穿竿和混凝土注入技术的竹构节点
2）垂直竹竿穿竿
3）华勒兹的竹构实验——杆件的三维空间连接

图4-13　新型竹构杆件的连接实验

③草砖墙也是一种新型、成熟的建材。草砖墙，顾名思义，所用材料主要为稻草、麦秆、秸秆等建材，现场制作，现场施工。草砖墙有效解决了隔热保温、防火、粉刷涂料等问题，具有良好的应用前景。图 4-14 为安溪国际救援组织在我国广大农村推广草砖墙房屋。

图4-14　安溪国际救援组织在我国广大农村推广草砖墙房屋

（2）结构的“可拆迁”策略

处于可持续发展的考虑，受传统民居结构重复组装的启示，国内针对现代装配式结构的研究由来已久。昆明理工大学柏文峰教授针对傣族新建民居采用的架空式混凝土框架结构以及砖柱承重结构存在的多方缺点，提出采用整体预应力装配式板

① 惠逸帆 . 西蒙・华勒兹的现代竹构实践 [J]. 住区，2009，（6）：78-83

② 柏文峰，曾志海，吕珏 . 振兴傣族竹楼的技术策略 [J]. 云南林业，2009，30（5）：36-37.

柱结构（IMS 体系），用于民居结构更新，提高结构更新质量[①]，并对该结构体系进行了预制构件小型化和预应力施工技术本土化的研究，形成了新型小构件整体预应力预制装配式结构体系，以延续保持干栏式建筑通透的特点。该结构的优点为：①在安全拆除的前提下，实现预制构件的无损拆卸和回收利用；②具有良好的抗震能力，适应变形的能力强；③自重轻、材料省；④无梁、无柱帽，属板柱结构，层高可降低，平面可根据用户自己的要求自由隔断；⑤耐火性好，耐久性好，防腐、防潮能力强；⑥截面尺寸为 250mm × 250mm（传统木柱为 220mm × 220mm）；⑦施工速度快，现场用工少，水电用量少[②]，降低对环境的污染（图 4-15）。怒江峡谷位于高海拔山区，人居聚落呈分散布置，少有平整的场地，这给房屋建设带来了不便；再者，山区交通通达不便、生态环境脆弱，这些因素使得建筑拆除后的垃圾无处安顿，当然也难以自我消化与消解，这一定程度上制约了房屋的持续更新。因此，研究适于山区的、可拆卸的装配式结构将会为保护自然环境作出巨大的贡献。

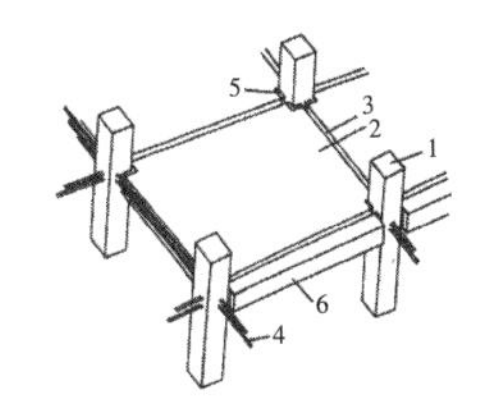

1：柱；2：楼板；3：明槽；4：力筋；5：接缝砂浆；6：边梁

IMS 结构体系的基本原理

IMS 结构拆除——预制板拆除

IMS 结构拆除——混凝土柱与基础的分离

图4-15　小构件整体预应力预制装配式结构预制构件无损拆卸过程

3. 生态节能技术的应用策略

可再生能源包括太阳能、风能、水能、生物质能、地热能、海洋能等多种形式。开发利用可再生能源，是可持续发展战略的重要组成部分，也与地域性建筑的发展目标相一致。我国可再生能源的发展目标为：在农村地区（特别是中西部和边远地区）以农村电气化，用能方式现代化为重点目标，推广各种可再生能源的利用。研究可再生能源技术的应用，再辅助以节能建筑构造设计，已经构成农村地区节能的主要途径。

怒江地区具有开发前景的可再生能源有如下：

（1）水电为清洁能源，具有广阔的应用前景。怒江流域的水电开发已拉开帷幕，正在建设 13 级梯形水电站，部分建好的水电站已经开始运营。另外，怒江以及河流分支上，布满各种小型水电站。除了照明，水电可作为重要的生活用能，广泛应用于炊事、生活热水、取暖等方面。目前，水电主要用于简单家庭照明、电视机使用。部分经济条件好的家庭，偶尔使用电磁炉做饭。对于洗衣机、电冰箱等家用电器，

① 柏文峰 . 云南民居结构更新与天然建材可持续利用 [D]. 北京：清华大学，2009.

② 同上 .

尚未普及。在不久的将来，可以预见水电将会大规模进入群众日常生活方方面面中。水电的大规模使用，必将改变以柴薪为主的能源结构，保护森林资源。政府应该在怒江水电开发、相关的利益分配上帮助当地群众争取相应利益，真正解决用电的家庭开支问题，使水电不再因为费用问题成为当地家庭经济负担。

（2）生物质能，包括农作物秸秆、材薪、禽畜粪便等。随着常规能源的短缺，利用现代技术开发生物质能，改善能源利用结构，顺应能源发展的趋势。我国政府已将大力发展生物质能列入国家“十二五”规划。生物质能在建筑领域主要用于沼气应用、生物质能发电。在怒江中上游山区，日常生活用能以材薪为主，以明火方式取暖、做饭、煮猪食等。木材消耗量大，同时沼气还未大面积普及，即使有的地区住户已经建立了沼气池，但使用率不高，仍旧以火塘为主，体现了习俗演变的历史惰性。为此,国家应该有计划的种植柴薪林,并配合沼气炉的使用,使材薪林的“种植—消耗”达到平衡。

（3）太阳能的开发与利用。怒江流域太阳能资源丰富不均匀，受地形、气候的影响，由南至北，太阳能资源逐渐减少。怒江中上游的贡山大部分地区，太阳日照时间少，散射辐射低，造成当地昼夜温差大，太阳辐射得热量不足。因此太阳能的主要利用方式之一——太阳能热水器的使用时间受到限制，解决方法可配合水电，混合使用。

4.3.3 地域文化的发展策略

1. 保留具有地域优势的生计方式

新中国成立前怒江地区各民族的生产方式主要以不固定耕地的粗放耕种、采集狩猎、蓄养牲畜为主，所用生产工具以铁制锄具、竹木为主，牛基本不用于耕地，仅作肉食之用。由于各少数民族位于崇山峻岭之间，野生动植物资源丰富，因此，采集狩猎成为农业的重要补充。新中国成立后，对于“直过”地区的民族生计问题，我国采取了一系列匡扶政策，主要如下：(1) 教授现代化农耕技术。通过各级政府派遣农耕技术人员，亲自指导督促，教当地群众现代化农业耕作技术，例如坡地变台地，施肥技术等；(2) 政府长期救济。新中国成立前平均主义思想被后来的“大锅饭”体制强化，并长期“吃饭靠返销，花钱、穿衣靠救济”，形成了等、靠、要的惰性思想。图 4-16 为少数民族群众身着 1980 年代政府救济的军衣军帽；(3) 加大扶贫力度。20 世纪 90 年代，自实行封山育林政策以来，政府在各个方面进行贫困救助，如房屋建材资助等。以上措施旨在帮助生计变迁下的少数民族改善生活质量，然而，由于边疆峡谷地区少数民族贫困人口诸多因素使得依靠政府救助的政策对改善贫困效果有限。

如今，一方面怒江地区各民族的生活方式发生了巨变，以定居农耕、粮食种植、家庭蓄养牲畜为主；另一方面当地群众依然无法摆脱原始社会的羁绊。由于怒江州属短时间内跨越了几个社会阶段直接进入社会主义的“直过”地区，传统的农业方式、拼体力的原始耕作，撂荒轮种、刀耕火种、广种薄收，仍然是现今绝大多数贫困群众从自然界获取低水平的生活资源所依靠的主要生产方式①。同时，采集狩猎禁而不绝，依然是山区群众普遍具有的拿手活计；其相关的经济活动也成为经济收入的主要来源。

图4-16　怒江流域随处可见的军服

2. 辩证看待火塘的去留

火塘的去留问题与生计方式紧密关联，需要辩证地看待。各少数民族的传统民居以单间长屋或者两间方形的住屋最具代表性。屋内布置火塘，成为山区民族住屋的共同特征。同时，不同年代建设的新民居，虽然空间模式发生了变化，然几乎皆保留了火塘间，使之成为新民居使用功能的重要补充。西部高海拔山区火塘至今存在与两个因素直接相关：(1) 气候。低纬度高海拔山区自不必多言，即便湿热的河谷区昼夜温差也极大，火塘发挥着重要取暖照明功能，人们一天中逗留于火塘的时间比其他房屋都多，是一个实质性的生活起居中心；(2) 林木资源。深处森林腹地，林木资源始终是第一手资源。目前高海拔山区材薪用料来自政府划分的自留地；低海拔山区依靠直接购买，或上缴一定费用进入国家划定的砍伐区；(3) 生活方式。

① 李川南，韩明春 . 怒江州贫困人口特征及扶贫方式选择 [J]. 创造，2000,(4)：30-31.

怒江地区在社会发展中，较多地保留了传统文化及生活方式。焖烧、烧烤、煮食依然是人们主要的饮食习惯，明火比电磁炉更为方便（图 4-17）。

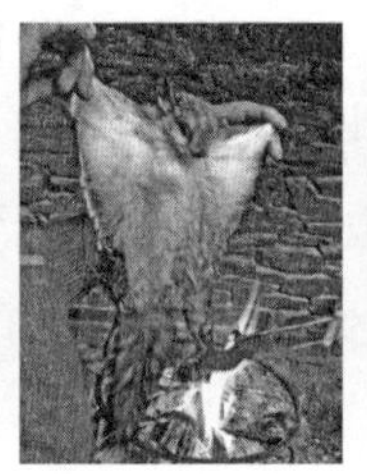

图4-17　人们利用火塘烹饪各种食物

火塘是原始习俗的遗意，代表着民居发展演变所处的一个阶段。尽管将来火塘将不复存在，就现阶段而言，由于火塘具备烧烤、取暖、照明兼备的功能，火塘的使用反而可以节约燃料，减少生活开支。故现阶段尚且具有存在的必要性，更不说它所代表的宗教意义了。图 4-18 为怒江福贡地区傈僳族新建民居，由于没有设置传统的火塘间，人们便使用可灵活搬动的火盆代替电磁炉在院中做饭。同时，也要认识到火塘的局限性。因此，研究民居的文化表达策略，即要研究火塘的空间模式特色，还要研究保留火塘的途径。现阶段，可以创新性使用依旧以燃烧柴薪为主的铁炉，提高能源的利用效率（图 4-19）。

图4-18　新建民居室外的“火塘”

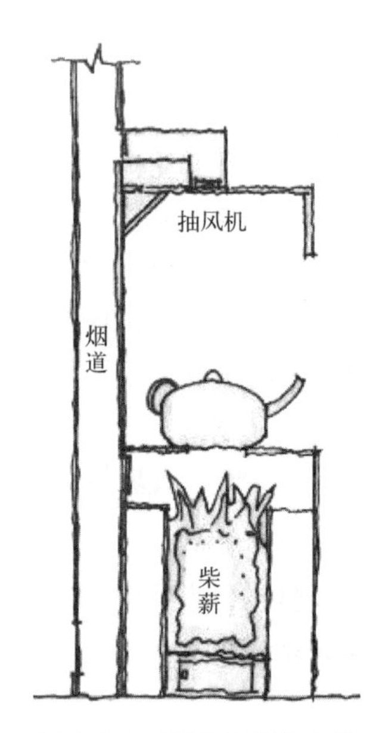

图4-19　取代火塘的木炉

3. 地域民族符号的抽象表达

符号是一个既具体又抽象的概念。具体地说符号本身是一个具体的标志、装饰部件、语言文字、形体语言等等；而抽象的部分则是符号所表达的意义，隐含在具体形象之下的内涵。古罗马哲学家圣．奥古斯丁认为，符号就是用某一种事物来代替另一种事物。美国学者 M. 李普曼在其著作《当代美学》一书中将符号定义为“一切基于约定俗成，能够替代某种其他事物并能够被理解的东西”[①]。对于建筑符号，不同的建筑理论，具有不同的理解及应用方式。

显然，地域性建筑文化的表达需要借助建筑符号。地域性建筑符号包括：

（1）装饰符号。怒江地区为少数民族混居区，装饰符号用于建筑表达，可以弘扬民族自身优秀的建筑文化。传统的怒江各少数民族过着迁徙不定的游耕生活，“游动是山地民族抛弃定居文明、财富为代价换取更高活力的生命运动”。山地民族原真性强、缺乏装饰，是其主要的建筑特点。加之同一地域各民族空间模式相似，因此，民居之于不同民族很难区分。为了保护、延续弱势民族的传统文化，新民居建设承担着体现民族个性，发扬民族文化的责任。对于民居发展，应该挖掘民族自身优秀的文化遗产，不一定仅局限于传统民居本身，可以从生产习俗、特色手工艺、服饰等多方面进行挖掘。需要说明的是，装饰符号与当地的经济发展水平、人们的富裕程度有关；只有当物质上富裕起来后，群众才会转而追求精神享受。因此，建筑装饰符号应视发展阶段、主要矛盾、经济发展的动力机制综合考量，因时制宜地加以使用。此外，从设计方法论出发，不应该将符号美学的个人手法和形式美学的专家喜好作为研究地域性建筑的主要方面，在领会了地域性建筑的基本精神是一种生态适应，人们的目光自然会关注建筑的空间、环境、施工和构造等建筑的本源问题[②]。

（2）功能性符号。借助建筑形式语言，使建筑能够适应场地环境，减少不利气候对居住的影响。怒江传统民居的空间形态、建筑形式都蕴含着丰富的智慧，可以为地域性建筑借鉴。 同时，建筑师还应该创造性的设计新的功能符号，使地域性建筑回归自然，促进可持续发展。

(3)材料语言。建筑是用材料构成的一种装饰性符号。建筑表皮是由材料构成的，材料本身的色彩、质感、纹理也是一种装饰符号。通过建筑表皮的材料语汇，可以表达出不同建筑时期的风格特征。本书提倡传统材料局部使用，以新材料为主的原则，毕竟新材料所具有的优良的物理性能是发展地域性建筑的动力。新材料不一定是混凝土砌块材料，也可是传统材料的再加工。新旧材料同时用于建筑表皮中，造成新旧的冲突和矛盾，激发人们对传统建筑的思考，感受不老的建筑情感。

① 孙倩．浅析装饰符号语言在东北俄式老居住区改造中的应用 [J]. 艺术与设计，2011，(4)：112-114.

② 毛刚．生态视野.西南高海拔山区聚落与建筑 [M]. 南京：东南大学出版社，2003：218.

第 5 章　怒江民居更新模式

5.1　建筑模式

把解决某一类问题的方法归结到理论的高度，那就是模式。换言之，模式就是解决某一类问题的方法论。每一个成熟的领域，都有自身的模式，建筑领域，亦有自身的建筑模式。在各种著作中已经对建筑模式有明确概念的基础上，本书再次甄别论述，提出动态发展的建筑模式体系，目的不是为了重复，而是借用这一概念，建立一套可行的乡村地域性建筑设计方法论。

本书中提出的建筑模式体系由高低层级组成。建筑高级模式是指推动建筑发展的动力机制。机制本意指“机器的构造和工作原理”，事物的运动离不开起作用的动力[①]。建筑的发展离不开动力机制的影响，其中包括内部动力机制，如人口变动、观念变化、自然演替；外部动力机制有城市化、旅游市场的驱动、政府调控等。内部机制是由事物发展变化固有的矛盾决定的，外部动力机制则更多体现了当下各种经济热点、国民消费主导方向对建筑产业造成的影响，是建筑发展的“润滑剂”和“催化剂”。为了满足人们的需求，并实现经济利益最大化，政府建立有效的宏观调控机制、激励与约束机制、监管机制，这些有助于实现建筑产业向合理方向发展。我国多数成功的传统村落更新的实例多体现了外部动力机制的影响。例如，曾荣获“中国十大魅力名镇”之首的云南腾冲和顺，依据自身独特的历史、文化、自然环境的资源，吸引了四面八方络绎不绝的人群前来参观。结合实际情况，当地政府提出了“依托旅游优势，寻找新的经济增长点，形成产业良性循环”的发展路子，并于 2003 年腾冲县委、县政府对和顺景区实行所有权与经营权分离的策略，目前形成了三方旅游开发的主体：镇政府、柏联和顺旅游文化发展有限公司以及和顺当地居民。同时，和顺镇政府制订了 2005 年到 2015 年的《和顺古镇旅游发展规划》。《规划》涉及了古镇保护、文化旅游、和谐发展、景区建设和基础设施建设等，反映了对社区整体发展以及社区居民发展的关注[②]。《规划》是未来和顺景区可持续发展的保障，反映

① 程海帆等 . 传统村落更新的动力机制初探——基于当前旅游发展背景之下 [J]. 建筑学报 .2011.09：100.

② 谭庆莉 . 社区参与旅游规划与开发研究——以云南腾冲县和顺镇为例 [J]. 贵州商业高等专科学校学报 . 2009，22（2）：45-49.

了建筑的高层模式对建筑及人居环境的发展所起的决策性作用。图 5-1 为三方联建下的和顺景区。

建筑的低级模式，是指组成建筑的各种元件及元件之间的组合方式。具体地说，低级模式包括元素、模式、模式语言三方面内容。建筑元素包括建筑元件及元件组合方式（建筑构造）。例如以民居这一建筑类型看，建筑元件包括阳台、室外走廊、坡屋顶、楼梯、居住空间、围合院落、柱子等。建筑元素是经过人类漫长历史形成的，具有稳定、不变的属性。单个或多个元素及组合方式形成建筑模式。模式，是指用来描述某一类建筑特有的空间特征、组合方式、形式特征。模式语言，是指对模式进行功能、用途等方面的语言描述。建筑元素、模式可用文字、符号的形式表达；模式语言用文字叙述的方式表达。建筑元素、模式、模式语言属于符号学范畴。符号学不关注客观事物本身，只关注符号系统本身；包括两个关系项：能指与所指。通俗地讲，符号是一个“音”或者“像”分别与“概念”结合的结合体；能指是符号的形式，为符号的可见部分；所指是符号的意义，为符号

(*a*) 古宅保护

(*b*) 风貌保护

(*c*) 居民参与旅游经营

(*d*) 水体保护

图5-1　云南腾冲和顺镇旅游规划

的不可见部分[①]。例如当人们过马路，看到红灯，就一定要停;这里，红灯作为能指;禁止通行作为所指。同理，建筑元素、模式、模式语言三者关系为:建筑元素、建筑模式相当于符号系统中的能指部分;而模式语言相当于所指部分。同一个能指，经常具有约定俗称的所指含义。例如婚纱，无论过去还是现代，都代表结婚含义;然而，能指也会随着社会不同的语境，意指不同的所指。例如小姐，作为一种发音符号，旧社会指有钱人家的女儿，是身份尊贵的象征;改革开放后，以小姐取代同志，显示了一种进步意识;现在，小姐又有了新的内涵，指从事色情行业的女子。因此,模式与模式语言之间的能指与所指关系,也会随着建设的语境、发展动力机制等的不同而不断转换。相同功能的模式语言，往往会随着时代不同，产生新的表现形式;而传统的建筑模式，在特殊建设语境之下则有不同的内涵。

综上所述，建筑模式的层级体系与地域性建筑的发展特征相一致:(1) 建筑的动力发展机制决定了地域性建筑不断发展的属性，并构建了民居发展的理想模式;(2) 组建地方建筑的“元素—模式”库，针对不同的发展语境，从中抽取适宜的建筑模式,进行组合。“建筑模式组合”的设计方法有助于乡村地域性建筑的快速推广、普及，实现其规模效应;(3) 设计相关适宜技术的建筑模式，促进了地域性建筑向可持续方向发展。

5.2 怒江民居发展模式

5.2.1 旅游产业带动下的民居更新模式

1. 文化产业带动民居更新

文化之于城市的定义为:文化是各种元素组成的一个复杂的整体，在这个体系中的各部分在功能上相互依存，在结构上相互联结，共同发挥社会整合和社会导向的功能。在当今时代，文化不仅是综合国力的重要组成部分，而且是一种核心力量。经济的发展越来越采用文化的形式，文化也越来越具有巨大的经济容量和社会功能[②]。云南省是一个文化大省,民族文化色彩斑斓,百花齐放,是全人类的宝贵财富。随着生活水平的提高，文化繁荣引发了旅游观光潮流，带动了经济的繁荣。十二五政府规划报告指出，未来建立文化大省，推动文化相关产业，如旅游业的发展，已经成为全省经济工作的重要组成部分。无疑，文化产业的发展已经成为新一轮的社

① 隋岩．从能指与所指关系的演变解析符号的社会化 [J]. 现代传播，2009，(6)：21-23.

② 单霁翔．从“功能城市”走向“文化城市”[M]. 天津：天津大学出版社，2007：34.

会发展的动力机制。

怒江地区具有独一无二的文化资源，是云南省唯一的傈僳族自治州，其中怒族、独龙族为怒江州独有。开发怒江多民族传统文化，将其纳入相关产业链条，势必推动怒江地区旅游业的发展。同时，怒江地区拥有得天独厚的自然资源。然而，由于怒江地区为横断山脉纵谷区，风光奇峻但险象环生，且景点呈现点状分布，尚没有形成规模较大且相对集中的旅游区域。综上所述，有旅游价值的景观节点以及少数民族聚落皆位于崇山峻岭的高海拔区域，而经济较为兴盛的城市地区，虽然位于低海拔的河谷及交通干道周边，然这些地区缺乏吸引客流的旅游资源。因此，可以预见，怒江地区旅游业的发展只能是以城市为依托的乡村旅游，而不同于丽江、香格里拉那样城市本身就是一座悠久的历史文化名城。可见，发展怒江地区的乡村旅游，势必面临比城镇旅游更漫长的旅游路线，配套的旅游产业的建设难度也大。

总之，以保护生态环境为准则的适度的旅游发展，一方面有助于传统村落的更新，新的经济实体注入传统村落中，促进了脱贫致富；另一方面延续了特色民族文化。怒江地区旅游业的发展，势必引发有特色的少数民族文化村落的建设。故文化产业推动下的新民居建设将应运而生。研究该类型民居的模式，对于今后民族村落的建设意义重大。

2. 建筑模式研究

配合发展乡村旅游的新民居建设，重在受文化因素的影响。因此，新民居功能布局上要体现“新旧结合”的原则：(1) 新民居的建设动力来自于民居发展的内部动力，改善传统、落后的生活习惯，乔迁新居，是乡村人们的普遍居住愿望。同时新民居还应该满足游客的居住需求，因此房屋规模增大。房屋的布局要合理，做到自住与他住的相对分离；(2) 旧民居，一是指传统老的房子，以及空间内部原汁原味的传统生活方式的再现。二是指由于老房子年久废弃之后，重新模仿老房子建立的传统民居。新的类传统民居的建设可以局部使用老房子废弃后的建材，如用于墙体的垛木及结构的木构件。如此，传统民居的再现满足了游客猎奇的需求，同时也为发展农村旅游的居民提供新的收入，继续延续老的生活方式。贡山县丙中洛乡重丁村的丁大妈家即是一个典型的例子，该院住宅由五部分各具特色的建筑组成，分别是供自住的新民居（砌体 + 框架结构）、小型旅馆（木楞墙体）、体现传统生活方式的新建火塘间（厨房，用于烤火、聚餐）、方形的生土房屋（已经闲置不用，仅供游客参观）以及不对外开放的储藏间（井干房；按当地风俗储藏间不准外人进入）(图 5-2)。

总之，文化产业带动下的新民居的建筑模式应着重体现文化因素，具体应遵循以下原则：(1) 选用成熟的民族符号模式，使新旧建筑风格统一；(2) 对于新建筑，

(a) 新民居　(b) 家庭旅馆　(c) 老宅
(d) 新建火塘间　(e) 储藏间

图5-2　旅游经济主导下满足多样需求的农宅（丙中洛重丁村丁大妈家）

居住功能应对内、对外相对分离，便于管理；(3) 视实际情况保留老建筑，或使用传统建筑的模式语言，再现传统的生活方式。

5.2.2　自然演变下的民居更新模式

1. 自然演变下的民居更新

怒江大多数乡村地区，缺乏强劲的外部经济发展动力，处于自然状态下温和的演变。家庭经济状况决定了新建房屋的规模、使用的材料等。乡村空间格局的演变动力来自于如下方面：(1) 核心价值观念的演变。怒江峡谷区域，呈南北走向的带状空间格局。由南至北，强势的汉文化渗透、影响逐渐加强；同时，峡谷北段，藏文化对当地影响较深，随着汉族经济实体的进驻，形成了汉、藏文化同时并存的经济格局（图 5-3）。商品经济的发展开阔了人们认识外界世界的视野，核心的封闭的价值观念开始动摇；与之伴随转变的有生产方式、生活方式；(2) 生态观改变。传统文化中的农耕知识、宗教礼仪均具有尊重自然环境、适度使用自然资源的社会约束力。而随着核心价值观的转变，传统生态文化让位于当代主流文化，保护环境意识逐渐丧失，无节制地使用混凝土砌块这一新型建材，以至出现了当今建筑发展的千篇一律的局面；(3) 空间观念的演变。传统民居没有间的概念，小家庭一居室，没有院落，以最小的尺度介于山体之间；如今，改变落后的居住习俗成为新建房屋的直接动力。正是核心价值观念的改变，使传统生态文化观沦丧，进而引发了人们对居住空间观念的改造。

图5-3　独具藏族风情的街道景观（丙中洛乡政府所在地）

2. 建筑模式研究

自然演变的村落多位于州内交通干道边缘、城乡接合部、经济发展较快、受汉文化影响较深的地区。这些村落在建筑层面的表现为：(1) 房屋逐渐翻新。新建房屋大多是在拆除原有竹篾房基础之上，进行建造。同时保留一间火塘房，作为厨房使用，普遍形成了“新建三间式民居 + 一间火塘间”的布局；(2) 乡村地区人口增加，建筑密度增大，新建房屋没有统一规划，“见缝插针”随处可见。因此，聚落形态发生了变化，由传统的掩映于群山绿叶之中、匀质点式分布格局，演变为雄踞一方的中高密度、低层数的片状分布格局。

自然演变下建筑模式的选择，主要受到个体家庭经济条件的制约，其直接决定了民居的新旧程度、新建民居的层数、建造材料、装修材料等。建筑模式应具有可增长性，即将来经济宽裕之后，考虑加建、扩建、改建的可能方式，达到居住功能的逐步完善，而不是拆旧新建。

5.2.3　易地开发下的新民居建设模式

1. 易地开发下的新民居建设模式

水电开发导致的工程移民与生态移民（两者在地理区划上存在着一定规模的叠加），成为怒江州开发建设与保护环境的有效途径。移民工程视实际情况具有如下几种方式：异地移民、就近移民、集中移民、穿插式移民。需移民的少数民族在新的环境中往往面临如下情况：(1) 异地移民，面临着当地拉力缺失与自身承受力较弱的双重困境；(2) 安置环境容量有限，安置压力大；(3) 异地移民使迁入者少数民族文化被同化或异化；(4) 资金投入不足，后期扶持力度不够，造成返贫、返潮现象[①]。针对上述情况，集中式就近移民配合开发式扶贫工程成为移民安置工程较为理想的模式。

2. 建筑模式研究

易地开发工程（包括工程移民、生态移民）涉及民族安定、民族融合、长远生计发展等多方面综合问题。本书主要讨论建筑层面模式的选择原则。民居建设，首要考虑的是新环境因素对建筑的影响，这直接关系到居住满意度、建成后建筑能耗等问题。由此，建筑模式应着重体现以下原则：(1) 适应气候、自然环境的适宜技术模式；(2) 适应新生产方式的空间模式；(3) 尊重迁入者的所属民族生活习俗的模式，以体现民族认同感。

5.3 怒江民居建筑模式语言

本书将建筑的低级模式，即通常所说的建筑模式分为空间模式、技术模式、符号模式，试图建立系统的模式库，用于模式间的组合，以供形成建筑设计方案的雏形。本节主要研究三个方面的问题：(1) 提取传统模式语言—空间模式、技术模式；(2) 通过对传统模式语言归纳、总结、继承、转变、创新，使之实现：①新的居住空间模式既包含传统空间的特质，又能体现新的生活内容；②新的建筑技术模式既体现传统民居的生态智慧，又能实现建筑的坚固、舒适、美观、经济，超越传统建筑；(3) 民居装饰符号的创造。新中国成立前，该区域民居尚处于"建筑活化石"的发展阶段，建筑少装饰，原真性强。由于民居面临着断代式跨越发展的特殊时期，创造表达民族身份的建筑装饰，有利于自觉维护本民族文化传统，这对于明确混居区民族民居的个性也是有意义的。因此，本节试图寻找可以用于表达民族特色的装饰符号，并将其纳入模式的范畴，为将来建设提供参考。

① 冯芸，陈幼芳. 云南怒江傈僳族自治州实施异地开发与生态移民的障碍分析及对策研究 [J]. 经济问题探索，2009，(03)：68-73.

5.3.1 传统模式语言提炼

传统建筑空间模式语言的提炼（表 5-1）

怒江民居传统建筑模式 **表 5-1**

传统建筑空间模式		
1	建筑模式	多功能火塘
	建筑元素	铁三脚架
	模式语言	具有炊事、取暖、照明、夜间围火塘就寝的功能 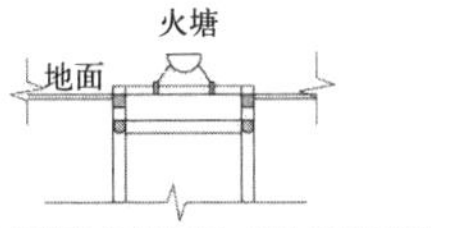 火塘 地面 由木质方横梁支起木板，在木板上覆土。覆土一般 30cm 左右，在覆土上支锅做饭
2	建筑模式	单一复合功能空间模式
	建筑元素	火塘、中柱、室内走廊
	建筑模式 1	长方形复合空间
	模式语言	怒江传统民居中，没有“间”的概念。该空间模式为较为原始的独龙族民居模式，由出现年代早晚，分别为坎木妈房、坎木爸房（见本书第二章描述）。长屋内每一个火塘代表了一个个体家庭，体现了家族集体生活之下的一夫一妻制个体经济为主的社会形态。该类型空间按照辈分以及家族子女结婚先后，横向方向依次增建，形成长宽比逐渐增大的长屋。以上可见，长屋空间没有明显的向心性及主次之分，长廊以及横向的一排火塘显示了空间的序列性、匀质性。 如今，这种家族居住模式已经退出历史舞台 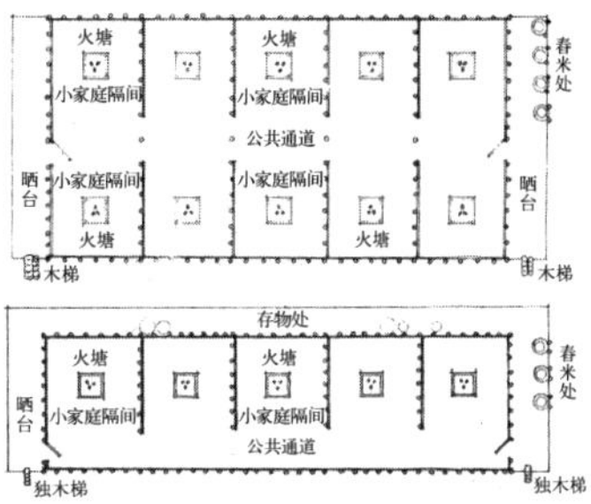
	建筑模式 2	方形复合空间
	模式语言	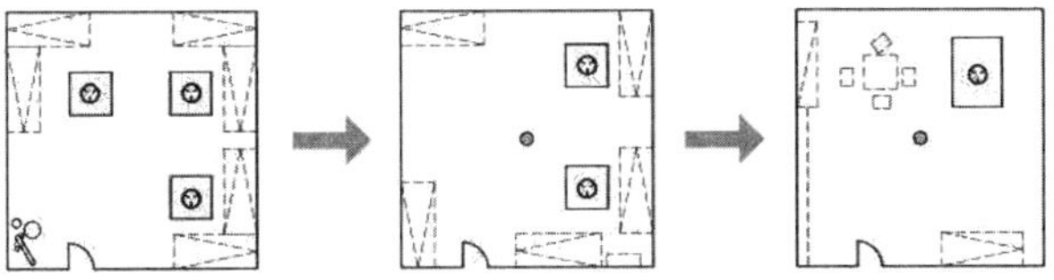 该居住模式体现了一夫一妻制小家庭模式。按照火塘所在位置以及模式存在的年代看，存在如下规律：(1) 新中国成立前，该空间内火塘与睡铺（无床，草席或者木板代替，也可能直接卧地而睡）的空间关系较密切。火塘的数量，代表了夜间家庭成员聚合而眠的状态。(2) 如今，火塘与床（以床代替地席）的空间关系渐行渐远。甚至该空间逐渐演变为厨房；而在旁边单独搭建一方形卧室（无火塘），夜间用移动的火盆取暖。(3) 当卧室单独出现后，方形复合空间逐渐成为兼厨房功能的起居室，满足白天各种活动。这时，空间的礼仪性逐渐增强，出现了中柱，作为装饰，并将之神化（怒江流域北部，起居室内布置中柱已经很普遍；而南部少见）。由此，方形空间内的火塘、中柱使匀质的空间出现了两个向心点

续表

	传统建筑空间模式	
3	建筑模式	双空间对称布局模式
	建筑元素	方形房间
	模式语言	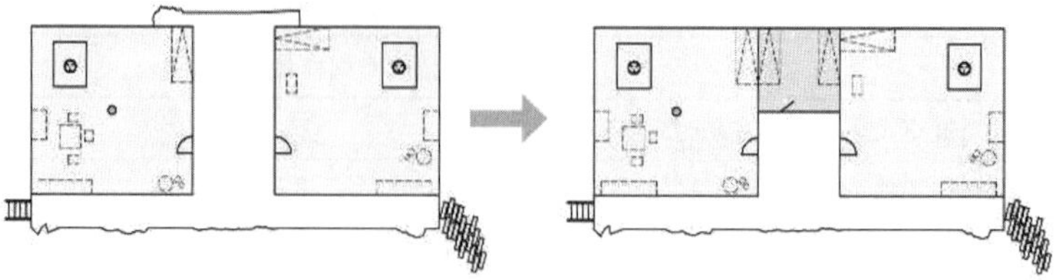 方形向心性空间成为怒江峡谷北部的建筑基本形制后，意味着卧室从起居室分离出去。于是，出现了两个相同规模的方形房屋，一个作为起居用；一个作为卧室用。双空间组合模式缺乏向心性（两房屋中间为过道；后期围合成为小型卧室及储藏室），呈现分散的状态。这与怒江地区社会文化发展相呼应，处于较为原始的自然宗教崇拜阶段，群体约束力缺乏代表人类文明进阶的宗法制度，尚处于较为原始的自然神鬼的约束之下；反映在建筑空间模式组合上，呈现松散无序的状态。该空间组合模式仍存在于怒江北部高海拔山区、贫困地区
4	建筑模式	下畜中宅上储模式
	建筑元素	牲畜空间、居住空间、储藏空间
	模式语言	该模式语言充分显示了怒江北部的怒族人们的生产模式，以蓄养牲畜（位于底层）、种植粮食（存放于顶层）为主；并与他们的宗教信仰一致，即认为人与动物是平等的，按照一定的次序从低到高排列着。该模式采用分层筑楼的方式，将人畜位于不同标高，实现了人畜空间、道路进入口的分离，节约了占地面积，提高了劳作效率。该模式形成的双层屋面系统已经成为当地传统建筑文化的特色
5	建筑模式	下储上宅模式
	建筑元素	居住空间、储藏空间
	模式语言	该模式常见于怒江中游河谷区域；下跌的空间与上层居住空间用竹篾做楼地面分层，具有防潮、增强自然通风的作用 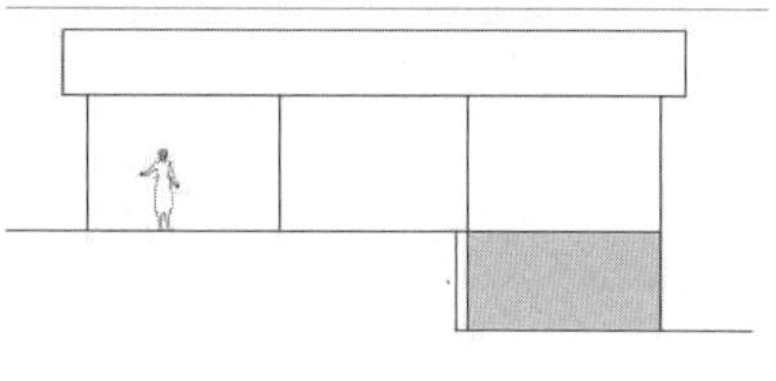
6	建筑模式	入口缓冲空间模式
	建筑元素	室外平台
	模式语言	该模式的产生是由于房屋入口常位于山墙一侧，形成了室外缓冲空间。这种模式常见于架空房屋，利用建筑侧面坡地将入口空间与室外道路连接，省去了由底层地面处架设楼梯的做法 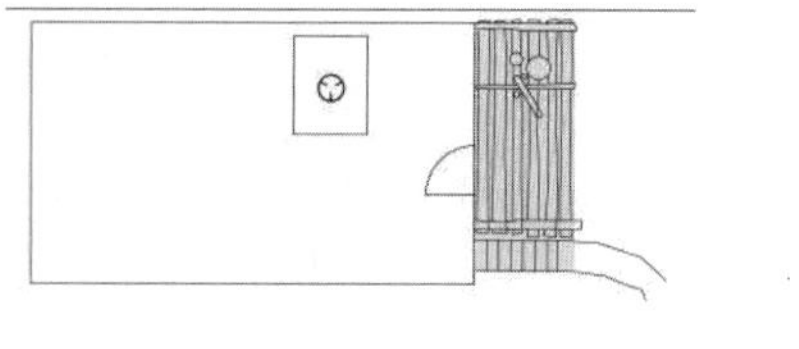

续表

传统建筑空间模式		
7	建筑模式	架空的檐廊生活空间模式
	建筑元素	支柱、檐廊
	模式语言	由于房间数量的增加，增设室外长廊，与山墙入口空间连接，形成曲尺型室外走廊。长廊的设置，有利于开阔视野，领略自然风光。同时，怒江地区山区缺乏像样的室外平地，因此民居一般没有院落，架空的长廊相当于日常生活的院落空间。因此长廊的宽度较宽，长廊一部分用于通达，有木板铺设；另一部分由木栅栏构筑，用于倾倒生活污水及垃圾。这种模式的房屋与等高线的关系为平行于等高线，房屋呈纵向底层架空的楼居形式（半边楼或全架空） 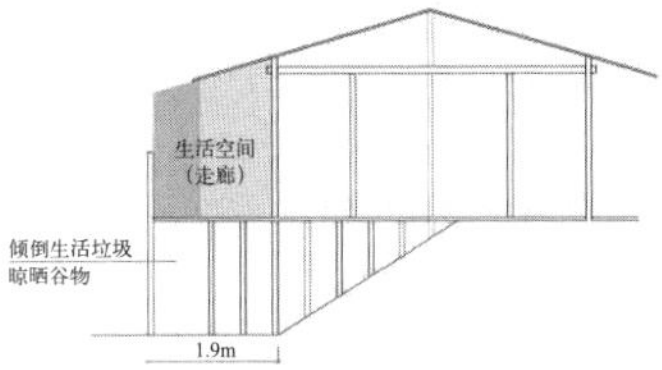
8	建筑模式	宅旁道路空间模式
	建筑元素	道路、入口空间
	模式语言	怒江山区多采用架空的半楼居或全楼居的建筑形式。架空的楼房很少使用楼梯联系上下交通，而是直接在宅旁设路，经山间道路直接引至楼面标高处。宅旁道路与房屋的关系分平行与垂直两种。无论哪种道路，其与房屋的关系存在两种形式，一是宅门开于山面，通过山面敞廊直接进入房间；二是经道路直接绕至室外长廊，分别进入各室 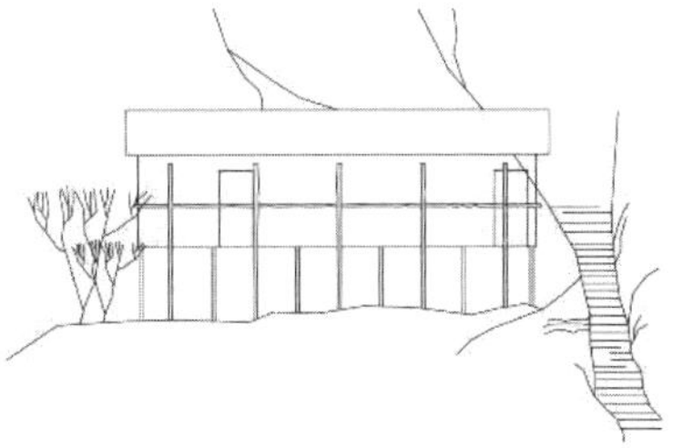
自然环境适应性模式		
1	建筑模式	架空模式（千脚落地）
	建筑元素	柱子
	模式语言	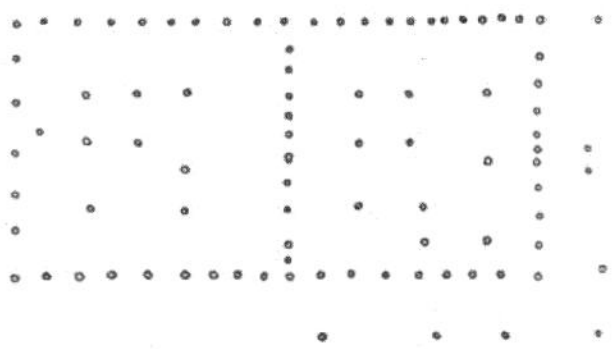 千脚落地架空层平面 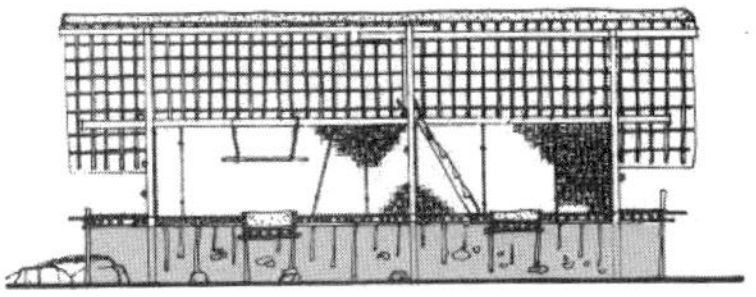　千脚落地纵向剖面 架空模式是指建筑以支柱落地，建筑底部全部或局部架于支座之上。该模式适用于山区高海拔区域，地形坡度较河谷区陡峭。由千脚落地的结构形式演变为榫卯连结的粗大杆件支撑的木框架结构形式。相应地，生活方式由迁徙不定逐渐演变为定居。房屋分为局部架空（少许台地）以及全部架空（坡地），底层为三角形空间，多闲置不用，主要的生活起居位于楼上标高处。这种模式体现了传统民居适应山地地形的态度，即以轻柔的方式接触地面，减少对地表的破坏。这种模式适合于平面网架受力结构以及框架结构

续表

自然环境适应性模式		
2	建筑模式	局部下跌空间
	建筑元素	储藏空间、柱子
	建筑模式 1	掉层式下跌空间
	模式语言	即房屋纵轴平行于等高线，将人蓄空间分别位于不同标高处平面。该模式适合于坡度较缓区域。下跌的空间用作牲畜用房，使得上层居住空间的楼地面架空，从而起到了防潮的作用 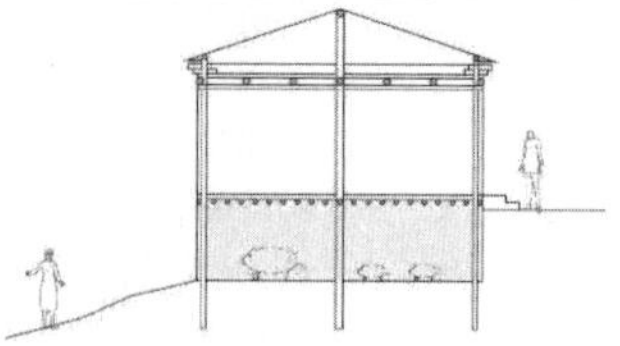
	建筑模式 2	跌落式下跌空间
	模式语言	即房屋纵轴垂直于等高线，以单元顺坡势下跌。该模式适用于低海拔河谷区域以及坡度较缓的区域。下跌的空间正立面开设洞口，上下层之间楼板采用竹篾地板，与上层空间共同组成一个垂直方向的通风系统。该模式不但巧妙地利用了支离破碎的山地地形，而且利用建筑空间本身形成了一个竖向通风走廊，利于防潮除湿 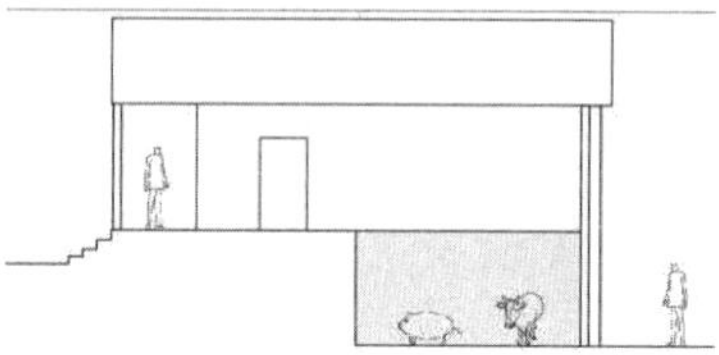
3	建筑模式	平座式模式
	建筑元素	木板平台
	模式语言	即在起伏的坡地上，先用短柱、石块、梁、板搭成一个平座或平台，然后在平座上修建木楞房[①]。这是由于木楞房的修建，需要在一个水平面上，方可逐层向上垒叠。可见这种模式适合井干结构的房屋 
4	建筑模式	透气的围护体
	建筑元素	竹篾墙、木楞墙、通风口
	模式语言	为了夏季降温以及防止过度潮湿，怒江流域的建筑多注重通风，表现如下： （1）房屋围护体材料多采用轻薄的竹篾、木楞墙，竹篾墙均质细小的孔隙以及木楞墙之间的缝隙都可达到风压通风的作用。 （2）纵向围护墙体未砌至房屋顶部，房屋上空透空，热空气向上运动，增强通风；同理，山墙处开风口。 （3）地面采用木板或者竹篾铺设，防潮的同时，形成自下而上的通风通道。可见，虽然传统民居不重视开窗，然围合体自身的透气性能以及砌筑方式使得传统民居犹如吊空的竹篮，实现全方位的空气渗透、对流；诚然，火塘弥补了房屋热量损失的问题 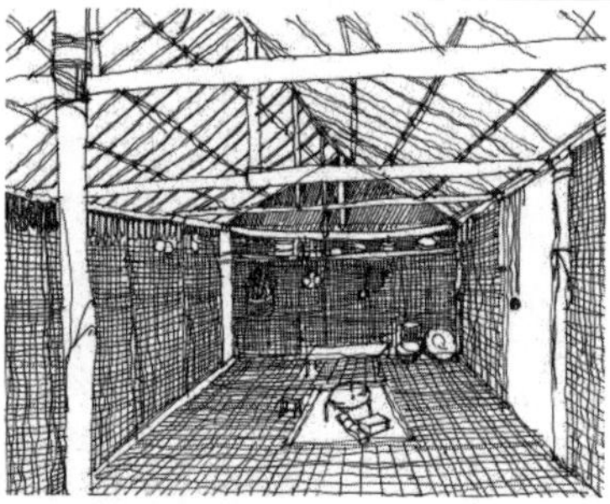

① 杨大禹，朱良文．云南民居 [M]. 北京：中国建筑工业出版社，2009：92.

续表

自然环境适应性模式		
5	建筑模式	呼吸的围护体
	建筑元素	生土墙
	模式语言	具有呼吸功能的生土材料，具有良好的隔热保温功能。尤其火塘的使用增强了材料的保温效果。然而，这种受西藏、中甸地区藏式民居影响的生土房屋并不完全适合湿度较大的贡山地区，参见 4.3 节冬季贡山地区生土房屋物理环境测试。因此怒江中上游地区的丙中洛生土房屋与木楞房并存，可见各有优缺点。然而，由于木楞房的建造消耗大量木材，相反生土是一种取之于自然，并可还原于自然的建筑材料。应改造墙体构造措施，提高保温防潮性能，使之具有发展前途
6	建筑模式	导雨屋面
	建筑元素	木板、岩石片（也称“滑板”、“闪片”）
	模式语言	（1）木板及石板按照顺着纹理的方向劈削、铺设，如此与雨水流向一致，从而减少了雨水对材料的冲击力。 （2）贡山地区的屋面材料常取自附近山体天然岩石，略经劈削，即成规整的石片。石片表面光滑，耐冲刷
7	建筑模式	明火取暖 + 热压通风模式
	建筑元素	火塘、通风口、孔隙、缝隙
	模式语言	（1）传统民居采用透气的围合材料及构造措施，用以通风除湿，而火塘用来取暖。可见，“透气的围护材料 + 火塘”共同构成矛盾统一体，共同保证了传统民居具有的自然通风、防潮除湿、取暖保温的生态属性。 （2）火塘与正对的屋面风口之间形成一个热压通风口，室内热源附近的空气被加热后密度变小而向上运动，上升的高温气流还改变了上下开口处的压差情况，即改变了室内空气压力随高度变小的垂直分布状态，形成气流从下面开口吸入，从上面开口排出的自然热压通风
8	建筑模式	屋面保温隔热模式
	建筑元素	覆土吊顶、双层屋面板
	模式语言	该地区全年以湿冷气候为主，保温、通风是建筑的主要目的。当地民居在平顶密肋梁之上铺设一层厚厚的泥土层以及稻草，达到吊顶保温的目的

5.3.2 传统模式语言的继承、转化、创新

传统模式语言的转译（表 5-2）

传统模式语言的转译　　表 5-2

居住空间模式		
1	建筑模式	开放性空间模式： 1）“客厅＋餐厅”，两者既独立，又保持便利的交通联系； 2）“餐厅＋厨房（木材炉、电用炊具、备餐区）”，两者合二为一； 3）“餐厅＋家务区＋劳作区（半室外空间）”； 4）起居与餐厅合二为一
	模式语言	开放性是系统论当中的一个基本概念。系统论认为凡系统都是开放的，绝对封闭的系统是不存在的。薛定愕曾把系统与环境的交换归结为熵交换。开放性系统就是同环境有熵交换的系统，即排除正熵（无序因素），吸收进负熵（负熵即信息、有序度）。开放性系统就是同环境进行交换，以保证自身活力的性能。 怒族、独龙族、傈僳族的单一空间集合了烤火、聊天、喝酒、庆祝等多种功能，其开放性表现在建筑空间与自然环境的密切联系、家庭成员与其他家庭成员的密切联系，从而保证了深处崇山密林这一与外界隔绝的自然环境中的人的集体意识的形成，有助于族群的延续。新的建筑空间模式组合延续了传统民居开放性的特点
2	建筑模式	外廊式空间组合（L 形、凹字形、U 形、“一”字形）
	模式语言	将匀质型对称空间组合演化为有序列感的外廊式空间组合。外廊式空间组合中，将原有空间功能分解，并增加相应的独立功能的房屋，包括卧室、储藏间、卫生间（含家务区）、客厅、餐厅，保留原有的堂屋作为厨房；而带屋檐的外廊则作为家务劳作区。同时，由于功能分解，可以减少房屋进深，增加对坡地的适应性
3	建筑模式	立体多功能空间组合
	模式语言	传统民居依据地形，将空间进行竖向整合，节约用地，至今仍具有实用性
4	建筑模式	错层空间
	模式语言	由“跌落式”下跌空间演变而来，内部形成错层空间组合，有利于竖向通风
5	建筑模式	火塘功能的分离、转换
	模式语言	随着当地群众居住意识的提升，对住宅私密性要求增加，住宅功能逐渐向精细化划分，即由功能混合转向餐寝分离、厅卧分离、一人一间房等新型居住空间模式。传统混居模式下围合火塘取暖、就寝的方式已不再适合新的居住理念。火塘取暖的方式必将退出历史舞台。其复合功能逐渐被现代厨房、保暖设备、照明设备取而代之。可见，火塘的演变之路已经逐渐明朗。 未来火塘的发展方向有两个，一是作为文化符号以及空间的向心力继续存在于特殊用途的建筑中；二是功能退化，只用作炊事设施。如此，火塘的形式、布局方式会发生转变，将火塘与厨房功能房间结合，或采用高效的木料燃烧炉取代火塘，在当前具有一定的参考价值
6	建筑模式	院落空间模式
	模式语言	传统民居大多采用独立式空间布局，没有院落。随着新民居建筑材料、结构形式的变化，对场地的改造能力加强，出现了平整场地或台地地形。由此，院落空间将逐渐成为新民居发展的趋势。于是，传统民居中的室外长廊、宅旁道路等模式，将被单外廊（宽度变窄）、院旁道路等新模式取代

续表

<table>
<tr><th colspan="4">适应自然环境的适宜技术模式</th></tr>
<tr><td rowspan="2">1</td><td>建筑模式</td><td colspan="2">台地式建筑形式
(1)“台地＋低架空”的建筑形式；
(2)“台地＋落地式”建筑形式（地基作防潮处理、增设靠堡坎的排水渠）</td></tr>
<tr><td>模式语言</td><td colspan="2">筑台是指利用开挖或者一定的挖填平衡获取建设场地。由于民居进深小，单台形式的场地即可满足。台地可通过挖、填或者挖填平衡的方式获取。由于怒江山区交通条件差，大型机械设备基本派不上用场，因此平整场地多通过填土方式获取</td></tr>
<tr><td rowspan="2">2</td><td>建筑模式</td><td colspan="2">架空式建筑形式</td></tr>
<tr><td>模式语言</td><td colspan="2">指建筑的局部或全部透空，采用立柱支撑上部结构的处理方式。新型架空民居，支撑的结构可采用混凝土框架结构，代替传统的千脚落地结构、木结构建筑，适合于临江或者陡坡地段。架空式建筑对于防潮、通风、拓展使用空间、基本维持地表自然状况等方面具有积极的意义。
新型架空民居，延续了传统的无院落独立式民居的空间构成的特点，譬如外廊式、山墙敞廊、靠崖道路、宅旁道路等</td></tr>
<tr><td rowspan="4">3</td><td rowspan="4">自然通风</td><td>建筑模式 1</td><td>热压通风（竖向温度差）</td></tr>
<tr><td>模式语言</td><td>热压通风模式的形成，是由于建筑内部空间设备运转、人的活动、阳光直射、围护结构辐射热造成室内空气温度升高，密度减少，上下部空间温度存在差异，从而产生压力差，带动内外空气流动①</td></tr>
<tr><td>建筑模式 2</td><td>风压通风（正负压力差）</td></tr>
<tr><td>模式语言</td><td>风压通风模式依靠建筑内外表面之间足够的正负压力差，在建筑开启界面洞口处形成足够的穿越气流，建筑表面的正负压力差根据不同界面形态特征而有所差异，不同的形体特征产生不同的通风类型①。建筑在争取良好的风压通风条件之时，应做到增强窗户隔热保温性能，减少冬季热损失</td></tr>
<tr><td rowspan="4">4</td><td rowspan="4">采暖保温模式</td><td>建筑模式 1</td><td>间歇性采暖模式</td></tr>
<tr><td>模式语言</td><td>怒江地区潮湿、低温是最不利的气候因素。冬季及低温天气适合采用间歇式采暖的方式。采用热辐射电器、热辐射地板、热辐射墙体、主被动结合的太阳能辐射地板等设备，解决间歇性采暖需求</td></tr>
<tr><td>建筑模式 2</td><td>增强围护结构的物理性能</td></tr>
<tr><td>模式语言</td><td>具体的做法有：(1) 改良传统建筑材料的物理性能，提高保温隔热性能；(2) 夹芯保温墙体。(3) 外保温组合墙体。在常规建筑材料砌筑的墙体外表面，增加具有高效保温的传统建材，提高围护结构的物理性能；(4) 贡山北部地区可使用特朗伯墙、太阳房。
为了避免出现室内温度、湿度过高的问题，采用新型保温墙体的同时，应配合热压通风、自然通风，应对怒江峡谷湿冷湿热的气候特征</td></tr>
<tr><td rowspan="2">5</td><td>建筑模式</td><td colspan="2">防潮</td></tr>
<tr><td>模式语言</td><td colspan="2">采用架空形式，或者地基做防水处理，同时在宅旁修建引水渠，防止地下水、地表水对基础的破坏，以及室内返潮现象</td></tr>
</table>

① 陈飞．建筑风环境 [M]. 北京：中国建筑工业出版社，2009：150-152.

5.3.3 民居装饰符号的应用探讨

一个民族的建筑装饰水平，与民族的审美倾向、手工艺、绘画艺术等方面的发展水平有很大的关系。例如，清代官式建筑中的和玺彩画、旋子彩画，官式服饰中的色彩级别、刺绣图样以及斗拱、栏杆、台阶、雀替的绘画图样，无不存在线条、色彩方面的同构，体现了建筑与审美艺术的关系。出于保护、延续弱势民族文化的目的，本书试图从少数民族的服饰、手工艺品（材料、肌理）等方面，挖掘民族的特色文化，用于建筑装饰表达。

1. 怒族

（1）编织业

怒族人的蔑编技术是一种绝活，著名的蔑编产品有草帽、锅盖、簸箕、筛子、饭盒、转扇、微型背箩、面箩等。以簸箕为例，其手工工艺非常精湛：篾片间的交织无疙瘩、无缝隙，又细密，可装粮食，即使盛水也不漏，是重要的交易产品。新中国成立前，竹编制品就已销往腾冲、兰坪、泸水、云龙、缅甸等国家和地区。怒江人还将蔑编技术用于房屋的材料制作中，手工编织的篾片，依地面及墙面不同的承载力，具有不同的厚度。竹篾墙及竹篾地面具有方便更换的特点。墙体厚度还可通过篾片的数量调节,以适应季节更替。显而易见,怒族的编织产品与房屋表皮具有同构现象，体现了手工业对建筑技术的影响。

（2）纺织业

怒族善编织，并产生相应的纺织业。怒族最初的纺织原料是一些野生植物纤维，最普遍的是栽培大麻一类的野生植物，有关“妇人结麻布于腰”的记载，大概就是用这类植物制成。以红纹麻布为标志的怒毯，是一种特殊花纹的毯子，纬线为白色，经线为不同色彩的线。色彩的搭配，红、黄、蓝、白、黑都有，但相隔距离和色彩的搭配各有千秋，形成对称中有变化，变化中有统一的和谐美、色彩对比强烈的艳丽美。除了怒毯，怒族挎包也是特色手工艺品，如今，出门斜跨怒包仍是他们最常见的装束之一（图 5-4）。本书中尝试提取怒毯、怒包的颜色符号，用于房屋檐口、窗下墙等部位的装饰，其艳丽的色彩附会了少数民族活泼欢快的性格。

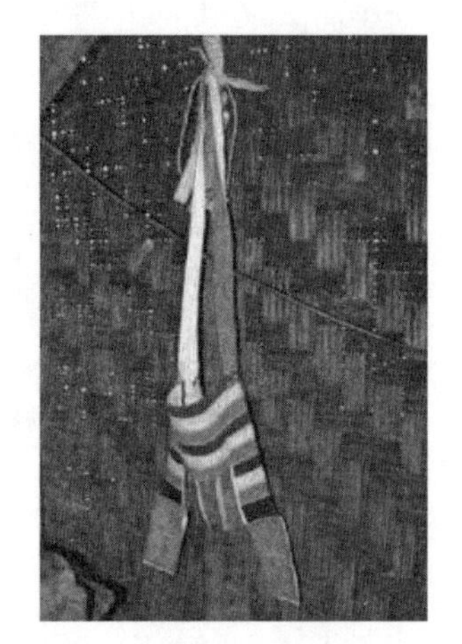

图5-4　怒包

2. 独龙族

（1）编织业

编织竹器，是每个独龙族男子都会的。独龙族两岸盛产竹藤，他们用竹藤编制各种各样的竹、藤、篾器具，如竹箩、竹盒、簸箕等。独龙族的竹器也用来交换，行销到怒江及缅甸密支那等地。生活中，他们还用 线编织渔网。竹、藤除了用于制造竹器，还成为盖房子的主要原料。

（2）织麻及染色技术

纺织品中，常用的是独龙毯和绑腿两大项。独龙毯由彩色麻线编织，色彩搭配同怒毯。麻布织成的绑腿，色白，两边织有 1cm 宽的黑色条纹，并匡以红边。独龙族的染色技术较高，据说是从藏区传来的，可将麻线分别染成红、白、黑、粉红、绿、蓝、褐等多种颜色①。在此，本书中尝试将独龙毯及绑腿的色彩组合进行抽取，形成标志独龙族传统工艺的象征符号，用于建筑装饰。

（3）文面习俗

历史上怒江流域、独龙江流域的民族都有“面刺青纹”的习俗，至少怒族是这样。随着时代变迁，其他民族改变了纹面习俗，唯独龙族一直保留着，成为独龙族传统文化特征之一。独龙族的纹面图案，基本上是各种变形的蝴蝶，是图腾物崇拜的反映②。据考证，独龙族各个氏族和家族，纹面图案不存在特殊性；而在北部和南部地区是有区别的，北部的纹面图案像蝴蝶；越往南部地区，纹面图案越简单，直至完全消失。按照罗荣芬著作《独龙族风俗习惯》，独龙江北部的族人纹面做法为：“从眉心开始，鼻梁、鼻翼刺相连的菱形长纹，并以嘴为中心，从两侧鼻翼向两边展开，经双颊交合到下颌，组成小菱形纹的方圈，双眼以下的脸颊空间，横刺点状花纹，下颌方圈内刺竖向条纹”，俨然一只惟妙惟肖的“飞蝶”。罗荣芬还指出：“独龙族的纹面之俗与宗教中的蝴蝶有某种联系。根据独龙族对人的灵魂的解释，认为人的亡魂‘阿细’最终会变成各色的蝴蝶飞向人间而自灭”。可见，独龙族宗教观念中的蝴蝶和文面中的蝴蝶，都是独龙族有别于其他民族的文化表征，是作为无文字民族的历史记忆③。

随着独龙江流域与外界联系加深，传统的习俗已不复存在。为了挽回这份非物质文化遗产，可以将纹面图案或者元素，应用于民居装饰上，期望其夸张的图形元素与民族深层次的集体意识产生共鸣。

3. 傈僳族

傈僳族同怒族、独龙族一样，精于竹编、纺织。主要手工艺品有花麻布、口袋、竹篾箩。总的来说，怒族、独龙族、傈僳族的手工制品没有脱离农业生产的范畴，上

① 高志英．独龙族社会文化与观念嬗变研究 [M]. 昆明：云南人民出版社，2009：404.

② 崔之进．解读中国独龙族纹面图案之谜 [J]. 艺术评论，2007，(8)：64-65.

③ 高志英．独龙族社会文化与观念嬗变研究 [M]. 昆明：云南人民出版社，2009：202 ~ 203.

升为独立的艺术形式。在现代商品冲击面前，传统的手工艺品面临尴尬的境遇。就像独龙族的纹面图谱，即使其曾经是民族精神的象征①，在未实现从艺术制作到艺术创作的转变之前，就已面临消退的危险。纵观我国其他地区的传统民居，与本民族、本地区的绘画、雕刻、审美无不存在密切的关联。因此，若能将当地的手工制品、纹面图谱进行元素的提取，用于民居装饰，将对弘扬少数民族文化起到推动作用（表 5-3）。

民族装饰符号模式语言　　表 5-3

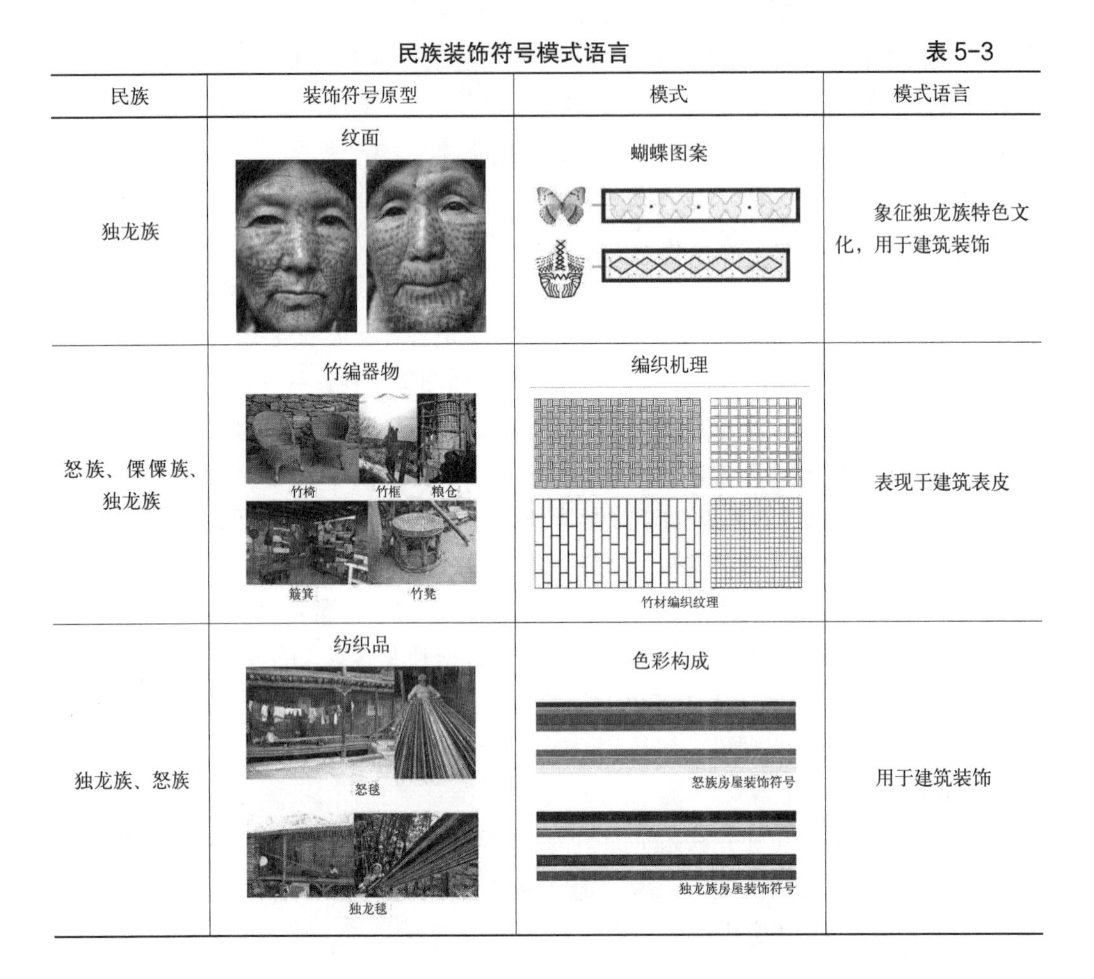

民族	装饰符号原型	模式	模式语言
独龙族	纹面	蝴蝶图案	象征独龙族特色文化，用于建筑装饰
怒族、傈僳族、独龙族	竹编器物 竹椅　竹框　粮仓 簸箕　竹凳	编织机理 竹材编织纹理	表现于建筑表皮
独龙族、怒族	纺织品 怒毯 独龙毯	色彩构成 怒族房屋装饰符号 独龙族房屋装饰符号	用于建筑装饰

5.4　多民族民居建筑模式范例

本书分别选取怒江峡谷四个典型的气候区域，即福贡河谷区、福贡半山区、贡

① 崔之进．解读中国独龙族纹面图案之谜 [J]. 艺术评论，2007，(8)：64-65. 将山谷中漫天飞舞的蝴蝶与神灵统摄在一个形象之中，作为一种自由的象征，深埋进族人的内心，并经漫长的历史的积淀，形成植根于每个族人心中根深蒂固的形象模式。

山缓坡区（丙中洛）、贡山高海拔山区，针对傈僳族、怒族、独龙族进行新民居方案设计。设计基于各民族的生活习惯、所在地区的气候特征、地方整体经济实力等多种因素，合理选取不同的建筑模式进行组合，形成多种不同的备选方案，用于指导地方新民居建设。此外，针对大量的当代新建砖混、砖木等房屋建筑，提出了合理的改建措施，用来满足现有建筑的改扩建需求以及提高建筑抗震能力。

5.4.1　当代怒江民居设计原则

1. 可持续原则

据统计，当前每年农村的生活用能量约为 3.2 亿吨标准煤。导致农村能源消耗高居不下的主要有以下几点原因：(1) 农宅自身热工性能差。据清华大学有关调查显示，当前新建的农宅在严寒地区墙体平均厚度为 40cm，寒冷地区为 33cm，夏热冬冷地区为 24cm。墙体均过薄，并且仅 3% 的农宅采用了简单保温或隔热措施；(2) 北方农村地区供热设备效率低。京津、河北省自制土暖气的使用率超过 50%，但其供热效率仅为 40%；(3) 农民观念及行为方式对能耗也产生一定的影响。例如在冬天敞开户门，只关注建筑外观而忽视建筑的舒适性，过度依赖外来商品能源及主动式采暖或制冷设备等因素也是导致能耗增高的原因。因此，为了降低怒江农村地区的能耗，在更好地满足当代生活需求的基础上实现可持续发展，应该在以下几个方面作出改进：

(1) 对传统民居经验的提取、筛选和发展

怒江地区乡土民居经历了数百年的发展，积累了大量经验。这些经验都无声的体现在建筑的空间、构件和技术措施当中，需要我们对其进行提取。这些经过提取的经验，有的能够很好地与地域气候、地形地貌、生产生活相适应，是需要我们继承和发展的。有的则不能够满足当代发展的需要，是需要淘汰的。还有的是基本能够满足当代发展需求的，但是由于其所依附的载体不能满足要求，需要进行一定的转译才能满足需求的。通过对传统经验的筛选与转译，我们能够继承传统民居经验中的精髓，运用到当地的新民居建设中。

(2) 资源回收及有效利用

建筑物的资源利用：要有效地使用水、能源、材料和其他资源，要使能源和资源的利用达到最高程度、消耗降低至最低程度。此外回收并重复使用建筑资源（例如老房子中的建筑构件与材料）、环境资源（例如自然环境中的树枝、秸秆等），减少建筑物的污染排放，进而达到保护环境的目标，实现绿色平衡。

（3）清洁能源开发利用

所谓清洁能源的开发与利用，就是应该尽量采用自然生态型的能源，例如太阳能、生物质能等等。通过在建筑自身的技术改进，在不使用主动式太阳能设备的同时，采用被动式太阳能技术，提高建筑的舒适性，从而降低建筑的能耗。而沼气作为我国农村中最有前途的廉价能源之一，通过将人畜的粪便、植物的茎叶和垃圾中的有机质在一定温湿度和密闭的条件下，经过微生物发酵产生甲烷（即沼气），可供家庭煮饭、点灯、发电等等。同时，沼气池废渣也是农作物的优质肥料。

（4）建筑材料，构造措施的改进

通过对建筑材料的选择与改进，既可以减少对能源的消耗和浪费，又可以增加人体的舒适性。对于传统建筑资源丰富的地区，可以延续传统材料的使用，同时融入新技术的改进。对于建筑资源匮乏的地区，可以使用废骨料、矿渣粉、粉煤灰，甚至栽培花草的小陶粒作为水泥的“替身”。蒸压粉煤灰砖或黏土空心砖的运用，将大大减少对黏土和煤炭需求量。同时在农村建筑的设计上应考虑到建筑的体形系数，合理控制建筑的窗墙比，增强门窗的保温与密闭性。这些措施，能够有效减少建筑的能耗损失。

2. 多样化的原则

多样性的原则对于当代怒江建筑包括了以下三个方面的含义：

（1）使用功能的多样化

传统怒江地区的民居的建筑主要是为了满足当地生产和生活的需求。但是随着地区经济发展和产业结构的转型，传统的民居建筑由于空间的局限性显然难以满足旅游观光、度假休闲等方面的需求，这时候就需要修建或改造一些与之相配套的各类诸如家庭旅馆、农家乐一类的功能空间。这些空间一方面可以满足不断发展的旅游业的需求，另一方面在特定的情况下也可以应对家庭成员不断增长的压力。

（2）与环境关系的多样化

由于怒江地区地形、气候变化的多样性，这就要求建筑设计要根据具体的地形条件进行建筑设计。例如在平坝地区可以按照平地建筑的设计原则来进行设计，而在山腰地区的民居建筑，则可以考虑通过局部悬挑、下跌等方式来进行设计。

（3）材料与建造方式的多样化

传统民居一般都遵循着因地制宜，就地取材的建设原则，但随着当前交通运输的进一步发展与建筑技术的普及化，当代地域性民居建筑发展有了更大的选择性。从传统当地的竹子、木材、石块、夯土到当代的石棉瓦、空心砖、钢筋、混凝土，从传统的木构干栏式建筑到当代混凝土的框架式建筑乃至轻钢结构建筑，怒江地区的民居建设在建筑材料和建筑结构上有了更多的选择，这必然会造就更加丰富多彩的怒江民居建筑文化。

3. 人性化原则

建筑作为人类活动的场所，是人们进行生产、交往、娱乐、休憩等活动的重要载体，对于改善少数民族生活、促进地区经济发展，延续地区和民族文脉等方面都具有重要的意义。因此，在对怒江民居建筑进行设计的时候，要注重民居建筑的人性化设计，使人们能够更方便，更舒适地进行多样化的活动。具体来说，要注重以下两个方面的设计：(1) 满足物质方面的需求，即要满足当代怒江地区居民的生活和生产方面的需求。通过对当代怒江地区家庭构成、景观模式、生产方式、气候环境等方面的研究，以此来确定当代怒江民居的建筑规模、住宅户型、交通流线、绿化布置等方面因素。满足使用者的舒适性，便利性、私密性等基本的心理和生理需求；(2) 满足精神方面的需求，即要实现居民的认同感与特定的场所精神。建筑作为人类对自然环境回应的体现，除了要满足具体的使用功能外，还是人类意识体现的重要载体。在古代，大到宫殿建筑中的雕梁画栋、红墙金瓦，小到民居建筑中的山墙檐口、柱脚窗花，建筑无处不在体现着居民自身的精神世界和对审美的需求。这种精神世界的体现，不仅仅是为了满足个别居住者的审美需求，更为重要的是建立了以这个建筑为核心的一个居住群体的认同感和归属感。而在当前城市化进程的影响下，全国各地的农村正越来越丧失自己的地域性特征，各地农村新建建筑大多千篇一律，缺少地域特色，建筑退化到了仅能满足基本的使用功能，而对审美的追求和群体世界观的体现则被摒弃。这对于建立起一个地区居民共同的认同感与归属感是不利的。因此，对传统民居建筑模式和文化的发掘与转译并形成新的地域性建筑文化，不仅对实现个人的精神需求，它对该地区的居民心理认同同样具有重要的凝聚作用。

4. 循序渐进的原则

怒江地区的民居建筑是一个循序渐进的发展过程。它是社会、经济、文化、技术等因素的综合表现，它不可能超越当代社会背景而实现跳跃式的发展。因此对于怒江民居更新应量力而行。从现实的情况出发，采用分期发展的策略，制定确实可行的发展计划。应根据不同地区的具体情况，协调各方面的因素，制定不同的策略和发展的顺序，使之环环相扣，稳固发展。怒江地区新型民居建筑的发展是一个漫长的过程，对其研究需要不懈的努力。

5. 与时俱进的原则

怒江地区经济社会不断发展，与外界联系不断增强，加之民族文化、信仰在科学知识面前表现出的“无效”，导致该地区受外来文化影响深刻。外来文化给怒江社会带来了双面影响，一种是负面的影响，即经济发展过程中导致的传统文化消退、生态环境恶化的问题；一种是积极的、进步的影响，即推动了社会的发展，人们的生活水平提高了，生活方式也变化了。以少数民族的住房为例，新建房屋注重空间划分、传统火塘房被独立的卧室、客厅代替、仅保留一间火塘房作为厨房等等。家庭经济来源也发生了变化，由传统的自给自足、物物交换到简单的庭院经济，譬如饲养猪、家禽、种植经济作物等。这些变化伴随着人们思想意识的变化，是少数民族地区社会发展的必然趋势。因此，新民居方案应体现人们生活发生的变化，而不要一味复古；同时也要保存传统生活方式中合理的内容，尊重固有的习俗。

5.4.2　福贡县河谷区傈僳族新民居设计方案

1. 方案适用的场地、气候条件

河谷地区的气候、地势条件见 2.1.4 小节。河谷地区多为人口集中、经济发展较快的乡、镇、县政府所在地。这里也是当地人们率先将原始火烧坡地改造成梯田的试验场。为了节省耕地，人们将地势平缓的耕地用于农业生产，而将地势陡峭的场地留作住房之用。建房之时，只需稍许平整场地，便可作为宅基地之用，如此，形成了如下几种宅基地类型：规模较小的平整场地、与山地等高线平行 / 垂直的阶梯状场地。房屋入口直接通向海拔较高一侧的居住层。新民居建筑方案基于与山地等高线垂直的场地条件而设计。

2. 标准三开间独院住宅方案介绍

（1）设计的影响因素及空间模式（表 5-4）

福贡河谷区傈僳族民居设计的影响因素及空间模式　　表 5-4

影响因素	设计空间模式
a. 家庭人口构成	可拓展的共居型空间模式
	随着少数民族地区人口增加、人地矛盾突出，传统小家庭独居式的居住模式将逐渐被多代户共居的居住模式取代。本设计根据家庭人口结构的拓展和生活模式的改变，将传统的单一平面空间转变为可拓展的空间。新民居分为单层、2 ~ 3 层建筑；并且为单层民居考虑相关预留的技术措施，满足其竖向拓展空间的可能性
b. 生活需要	b1“厨房 + 劳作区”布局模式
	厨房外设土灶作为煮食作业区。将相近似的功能空间进行集中，有利于提高使用的便捷性
	b2 餐厅 + 客厅布局模式
	餐厅 + 客厅的布局模式，改变了传统民居中以火塘为核心的布局模式，这一方面适应了当代生活方式的需要，另一方面在餐厅中设置木炉，取代火塘，不仅可以提高木材的燃烧效率，同时也减小了传统开放式火炉对室内的污染
c. 废弃物处理	厨、卫、猪圈集中布置
	便于集中处理生活污水和人畜排泄物；将之集中到沼气池，可以提供部分生活用能

（2）建筑风貌

建筑形式：河谷地区地势缓和，稍加平整场地，即可形成院落空间，故新民居空间组织以内向型为主。此外，山区人地矛盾突出，为了节省耕地，常将房屋建于不平整的地形之上。新方案采用“掉层”的空间处理手法，将建筑与地形充分结合。这样，可腾出具有一定规模的平整场地作为院落空间使用；同时，下跌空间用于储藏，并利于隔离湿气。这样，新民居形成“内向型院落＋掉层空间”为特色的河谷地区建筑风格。

建筑色彩：方案中采用了白、黄相间的建筑主色调，其中黄色为砂浆抹面压印竹篾纹理或者砂浆抹面外贴竹篾。山墙及墙裙部位的彩色图案及颜色线条取自傈僳族服饰图案。

材料肌理：河谷空间狭隘，与巨大的山脉相连接，便于当地人们获取木、竹、草、藤等建筑材料；此外，河谷地区盛产块石、板石、卵石，人们利用精巧的手工艺，将自然界赋予的乡土材料忠实地赋予民居中，形成独特的地域风情。方案中，窗栅、遮阳挡板采用手工竹编工艺制成。民居的院墙、猪舍采用块石、条石“干打垒”砌筑而成。挖掘乡土建筑材料，并体现在新民居设计中，以回应少数民族特有的审美情绪和历史情结，这也是当今地域建筑创作的源泉。

（3）基于气候、环境的绿色建筑设计

自然通风、除湿、遮阳：根据室内外物理环境测试，本书研究的怒江地区四个典型居住区冬夏季室内外湿度均达到80%左右，甚至更高。湿度成为影响人们居住舒适度的主要因素。而各种形式的自然通风成为降低湿度的主要方式。河谷地区的新民居方案中，平面设计力求简洁、整齐，房屋前后均设置窗户，便于实现南北或东西风压通风（穿堂风）。

除了风压通风，方案中积极组织有效的热压通风（烟囱通风）。热压通风不受朝向的限制，依赖于进风口与出风口之间的垂直距离以及两者之间的温差。方案中檐墙至屋面之下的部分开设高度为500mm的通风口，设置竹编窗栅，有利于形成室内自下而上的气流，排除室内湿气，并在窗栅内侧设置可启闭的挡板。

河谷地区夏季温度较高，阳光辐射强烈。因此，方案中采用单层木窗或单层铝合金窗＋水平遮阳挡板（当地竹篾板制），达到增强夏季通风、冬季保温。

掉层空间：方案结合地形以及当地传统民居的习惯做法，设置局部的下跌空间，即掉层空间，由室外院落直接向下到达。该掉层空间设于房屋的一侧，位于卧室空间的下方，并开设门、洞口，用作农具、杂物等储藏室。储藏室之上为卧室，卧室地板结构采用密肋木椽承重的竹篾地板。利用竹篾透气性好的特点，达到隔潮、增加房间自然通风的效果，并降低了建造成本。

（4）结构选型及建筑材料

结构选型：根据实际情况，现阶段怒江地区新民居宜采用配筋砖砌体结构或者钢筋混凝土框架结构，或者两者的混合使用。配筋砖砌体结构，对于普通的一、二层民居建筑具有就地取材、便于施工、价格低廉、较钢筋混凝土结构节约钢材和水泥、砌筑过程不需要模板和特殊设备、材料本身具有良好的保温隔热性能等优点。因此，砌体结构是农村地区广泛采用的结构形式。钢筋混凝土框架结构具有耐久性、整体性、可塑性好等优点，对于山区来说尤其利于抗震。使用预制装配式结构，对于国家自然保护区的怒江尤其具有重要意义，见本书 4.3.2 小节。

建筑材料：主体建筑材料采用炉渣空心砖。猪舍、院墙采用当地盛产的块石、卵石，采用干打垒的方式砌筑。

3. 方案示意图（表 5-5）

福贡河谷区域傈僳族民居方案示意图 表 5-5

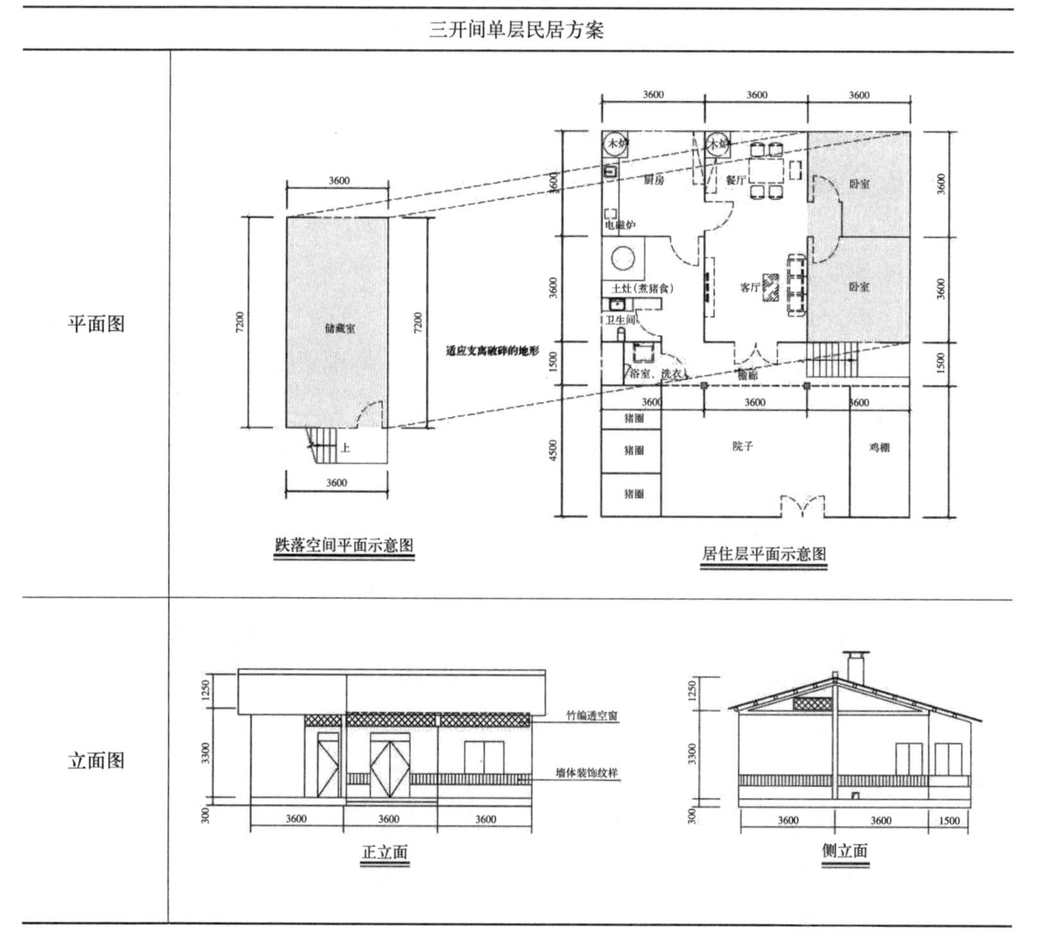

续表

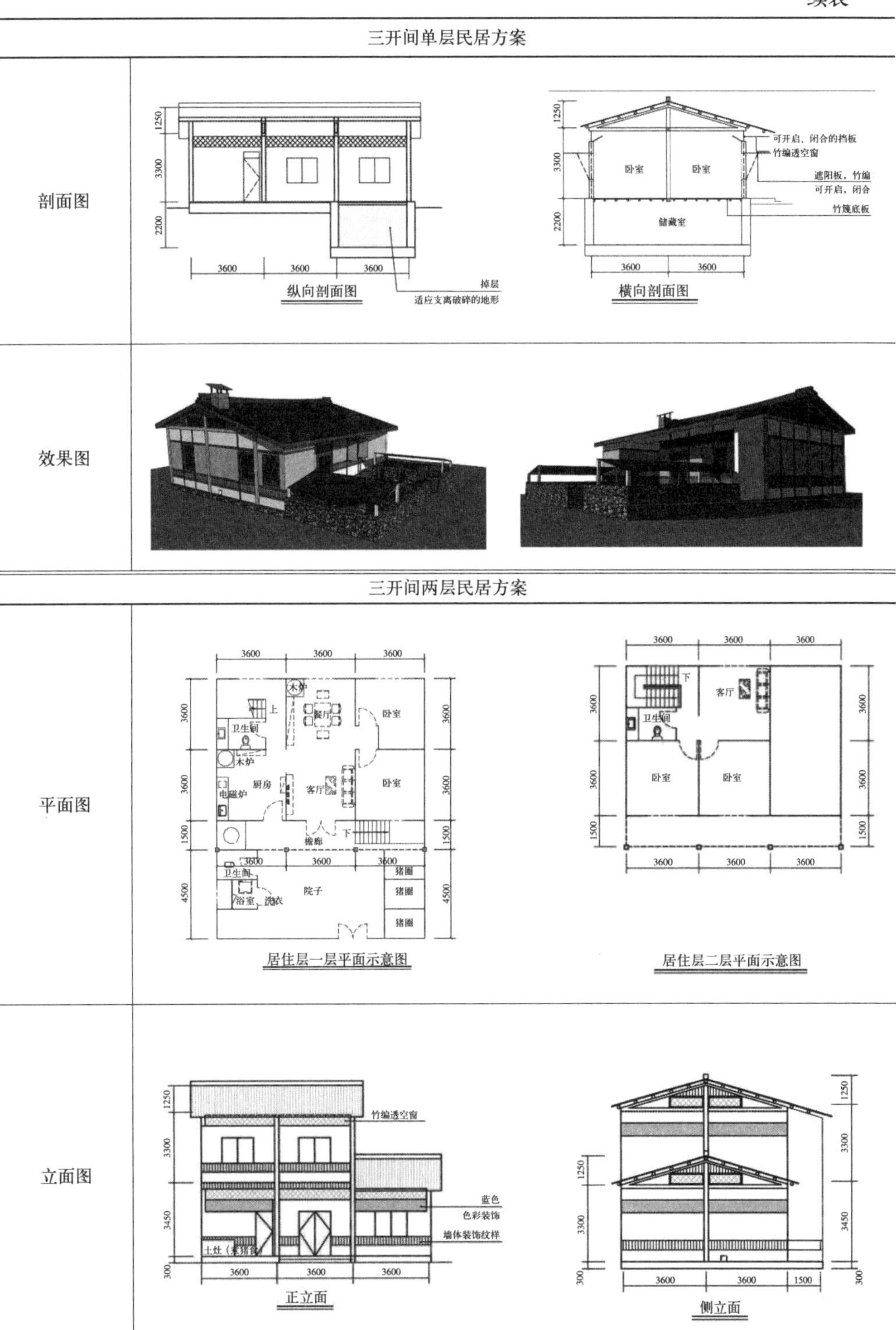
三开间单层民居方案
剖面图
1250
3300
2200
3600
纵向剖面图
掉层
适应支离破碎的地形
可开启、闭合的挡板
竹编透空窗
卧室
储藏室
遮阳板，竹编
可开启，闭合
竹篾底板
横向剖面图
效果图
三开间两层民居方案
平面图
木炉
上
卫生间
餐厅
卧室
厨房
电磁炉
客厅
檐廊
下
院子
浴室
洗衣
猪圈
1500
4500
居住层一层平面示意图
居住层二层平面示意图
立面图
竹编透空窗
蓝色
色彩装饰
墙体装饰纹样
3450
300
正立面
侧立面

续表

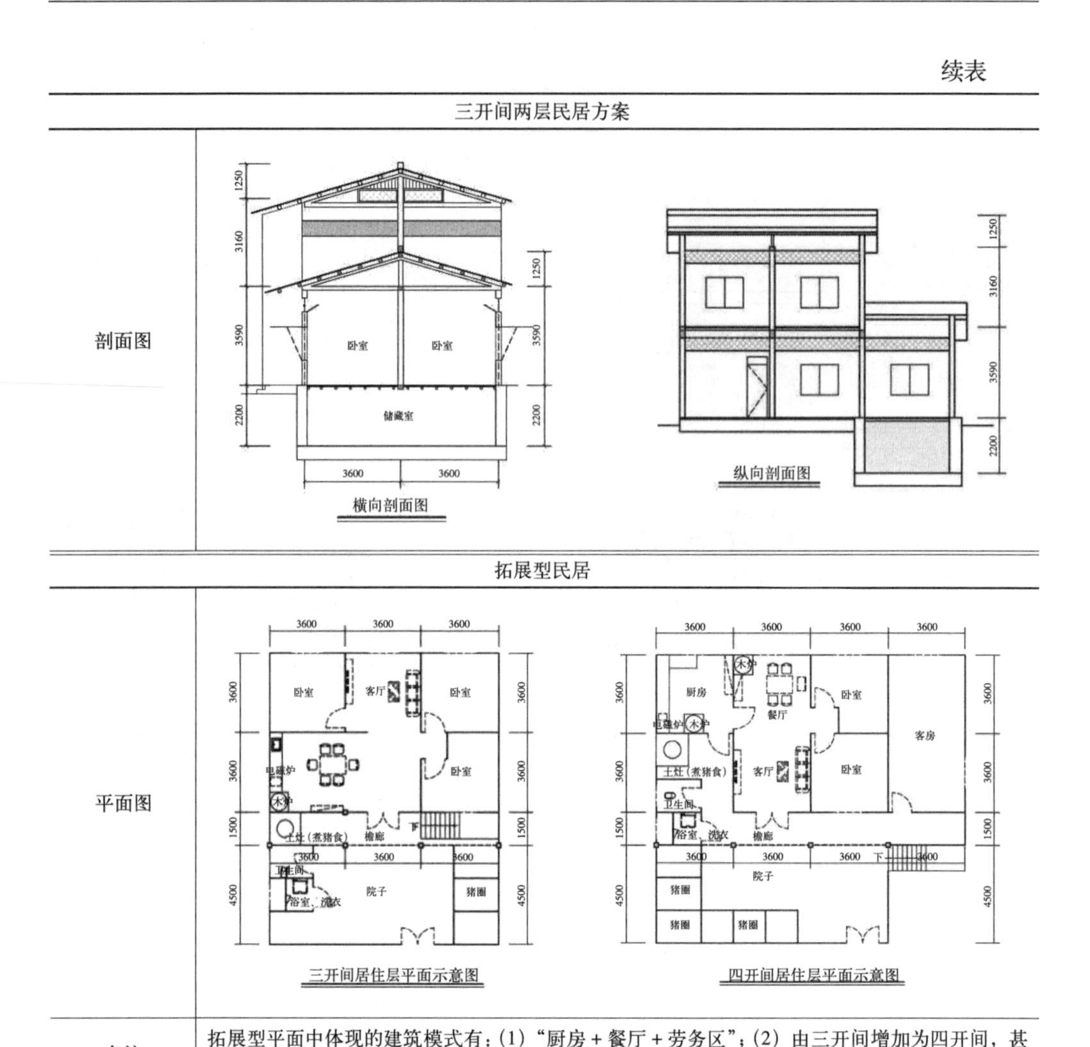

三开间两层民居方案	
剖面图	横向剖面图　纵向剖面图
拓展型民居	
平面图	三开间居住层平面示意图　四开间居住层平面示意图
备注	拓展型平面中体现的建筑模式有：(1)“厨房 + 餐厅 + 劳务区”；(2) 由三开间增加为四开间，甚至两层建筑

5.4.3　福贡县高海拔山区怒族新民居设计方案

1. 方案适用的场地、气候条件

福贡高海拔山区的气候、地势条件见 2.1.4 小节所述。山区湿度、温度均低于河谷地区，四季如春。怒江山区地势开阔，人类赖以生存的广阔农田、经济林基本分布于中高海拔地区。且人口居住较为分散，人地矛盾冲突较缓和。该区域地形坡度约 25° ～ 40° ，人们一般择山间台地或缓坡居住。传统的民居以架空的竹篾房、木板房为主，随着人们对自然改造力度加强，加之山上气候较河谷区干燥，因此近年来平地式民居增多。方案建设地点设定为本书调研的福贡老姆登村，海拔约 1800m。

新建民居主要面临两种场地类型：平地、山坡台地（为了追求视野开阔，房屋纵轴常与等高线平行）。新民居方案基于以上场地条件而设计。

2. 标准四开间独立式住宅方案介绍

（1）设计的影响因素及其对应的空间模式（表 5-6）

福贡半山区怒族民居设计的影响因素及其对应的空间模式　　表 5-6

影响因素	设计空间模式
a. 家庭人口构成	可拓展的共居型空间模式
	满足多代际民居需求以及发展山地旅游带来的游客住宿问题
b. 生活、生产需要	b1“外向型空间”布局模式
	山区地势陡峭，户型不好规定定量的宅基地面积。各户往往缺乏与居住层面联系紧密的户外活动场地——院落空间，而用住宅的檐廊空间取代，廊檐因此加宽，本书将这种居住模式称之为外向型空间组织模式。外向型空间布局模式尤其适合于山地架空式住宅
	b2“厨房 + 客厅”布局模式
	客厅已经成为年轻人娱乐休闲的主要场所，同时传统的火塘间转换为全家就餐娱乐的空间。将厨房、客厅置于房屋一侧，增加房间的围合感，提高使用率
	b3“独立餐厅”布局模式
	传统的火塘间转换为全家就餐娱乐必不可少的空间。将餐厅单独设置，并与厨房、客厅组成穿套空间。这样餐厅取代传统火塘房，成为新的起居中心。餐厅内设置可移动式木炉，兼顾了传统聚众围合取暖的生活方式，并减少了传统火塘对室内的污染
	b4“外廊”空间
	利用外廊连接各房间，加宽的外廊（宽度为 2m）兼作为架空住宅的室外活动空间
c．废弃物处理	厨、卫、猪圈集中布置
	厨、卫、猪圈集中布置便于集中处理生活污水和人畜排泄物；将之集中到沼气池，可以提供部分生活用能

（2）民族风情与地域特色

建筑形式：方案依据可能出现的场地类型，分别列举了 3 种建筑形式：落地式民居，适应平地地形；矮架空式民居，适应平整、山间地下水位较高的地形，解决地面返潮问题；局部高架空民居，适应山坡台地地形，不设置楼梯，户型入口由海拔较高的一侧进入，并与室外坡地连接。悬山两坡顶。

建筑色彩：方案以白、黄色为主色调。白色为主体材料抹灰，黄色为竹 / 木胶合板。山墙及墙裙部位的装饰图案取自怒族纺织品、服饰等之上的色彩及图案。屋面为棕色条形水泥瓦覆盖。

（3）基于气候、环境的绿色建筑设计

自然通风、采光、除湿：平面设计力求简洁、整齐，房屋前后均设置窗户，形成穿堂风。除了风压通风，方案中在檐墙自顶棚、楼板下设置高 500mm 的排气口，设置木 / 竹百叶，以绳索操纵启闭，促进热压通风，并有效带走室内湿气。

（4）结构选型及建筑材料

结构选型：方案采用钢筋混凝土框架结构。长远地看，建议采用预制装配式结构，参见 4.3.2 小节。

建筑材料：作为围护构件的墙体材料，其中房屋两侧用作厨房、客厅、卧室的房间采用炉渣空心砖；中部的房间，如餐厅、卧室，采用轻质生态的建筑材料，如木质结构胶合板等。

3. 方案示意图（表 5-7）

福贡半山区怒族民居方案示意图　　表 5-7

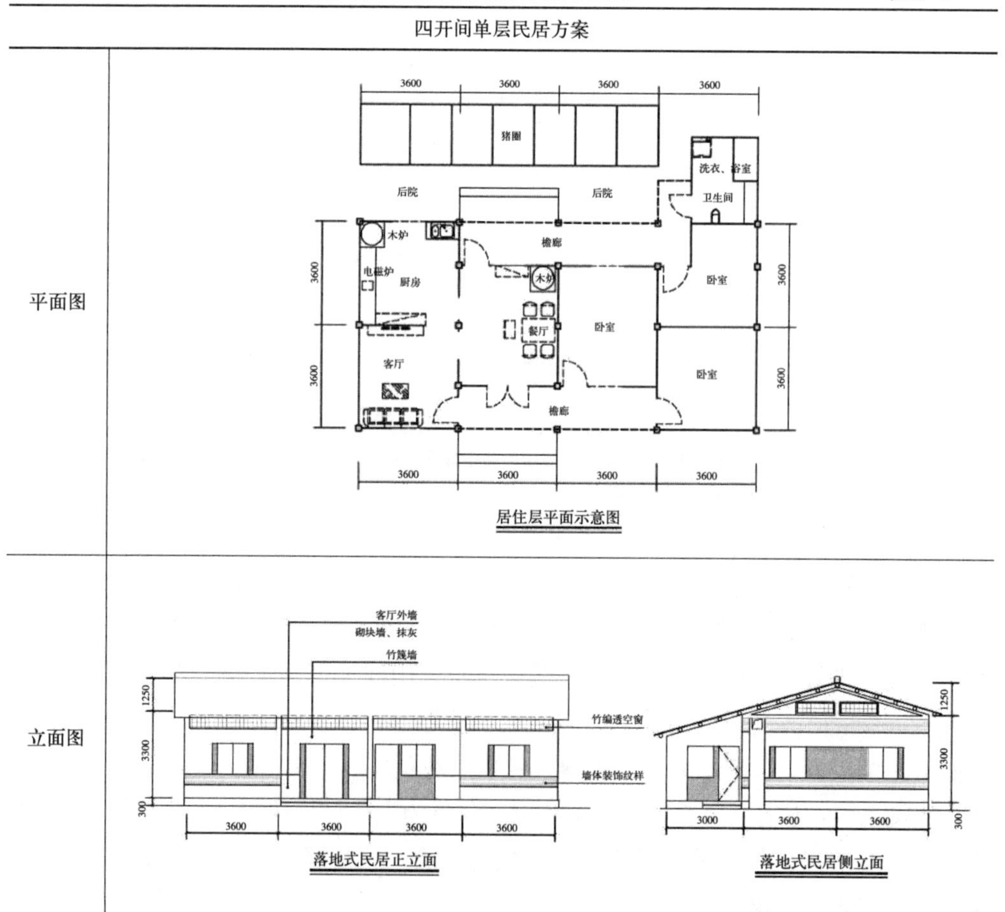

续表

四开间单层民居方案

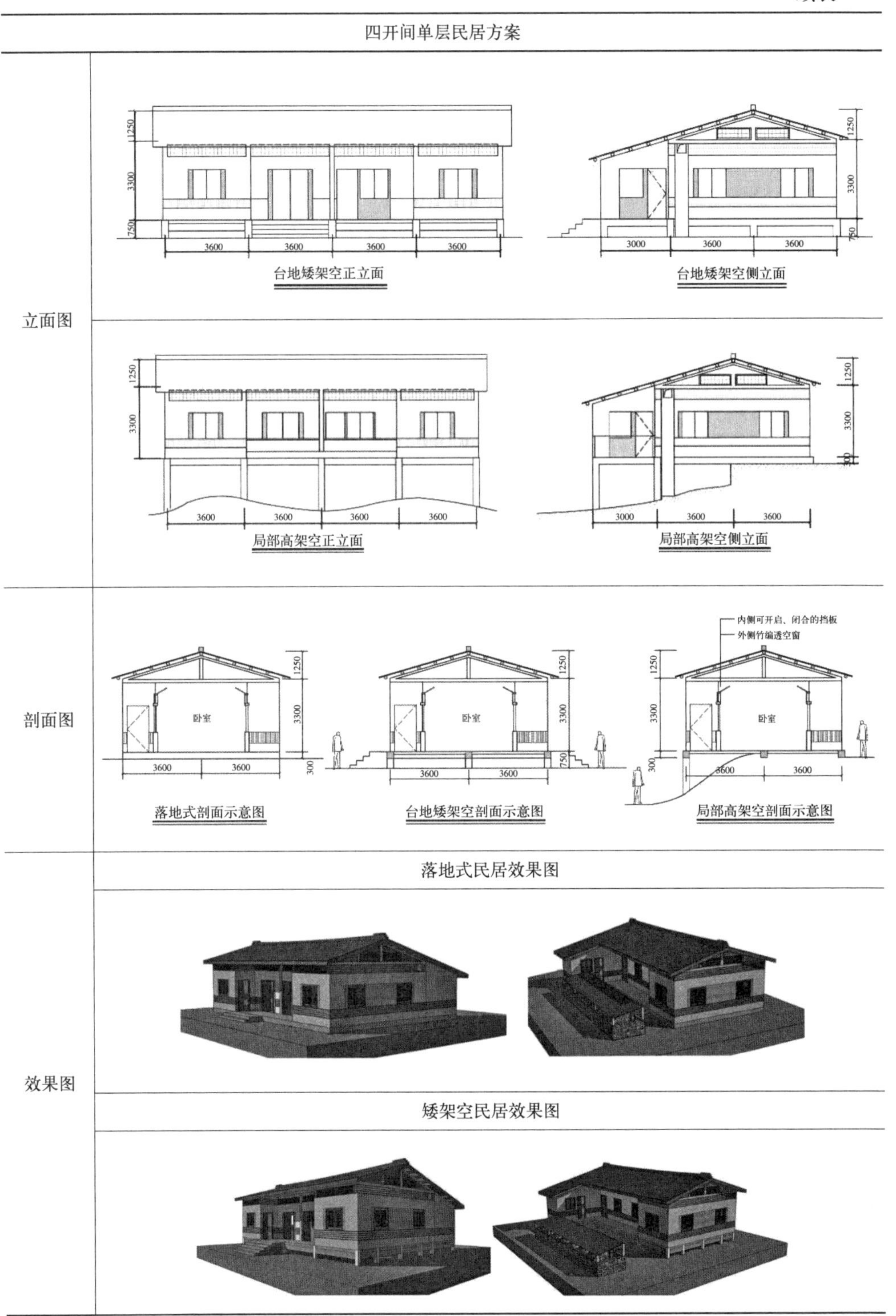

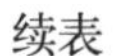
续表

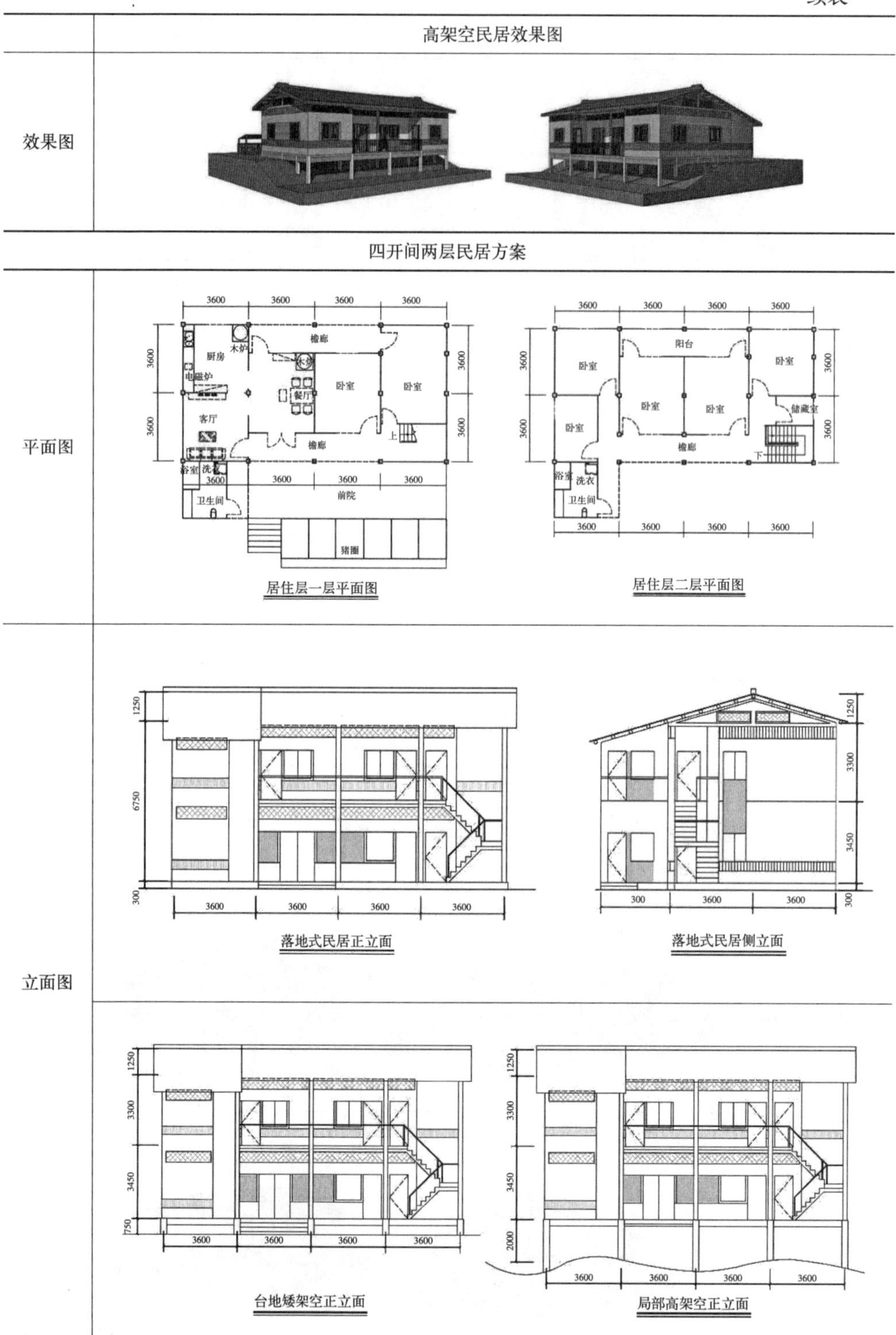
高架空民居效果图
效果图
四开间两层民居方案
平面图
居住层一层平面图
居住层二层平面图
立面图
落地式民居正立面
落地式民居侧立面
台地矮架空正立面
局部高架空正立面

续表

四开间两层民居方案	
剖面图	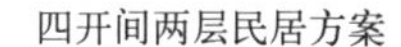 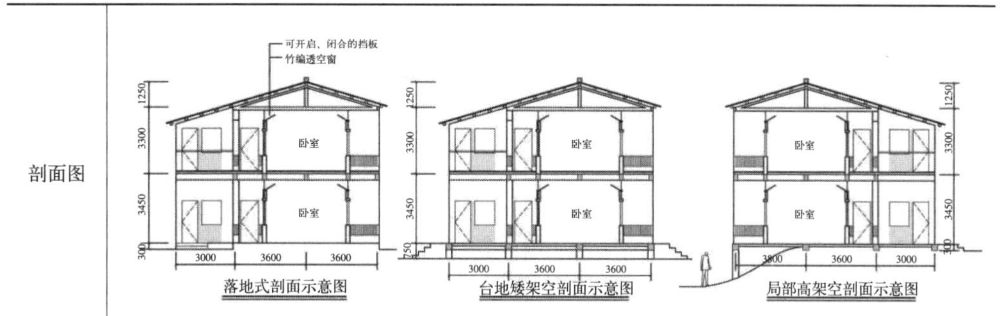
	直接落地式民居
效果图	
	山坡台地矮架空式民居　　局部高架空民居
效果图	 
拓展型民居	
平面图	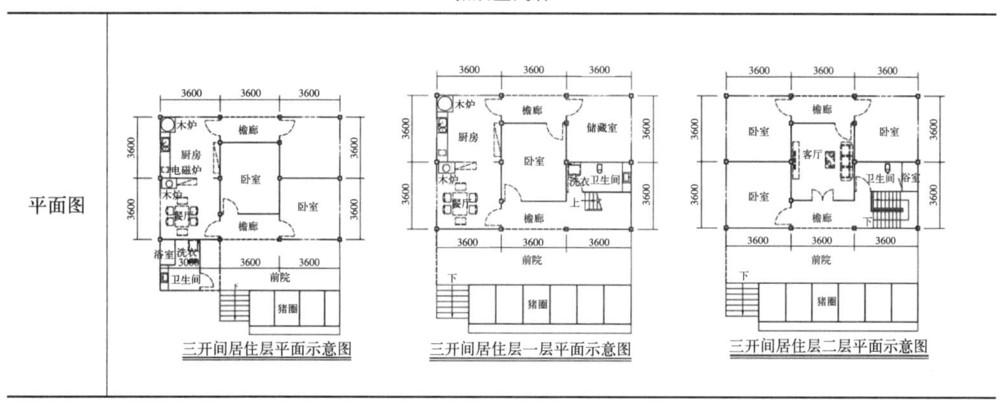

续表

四开间两层民居方案	
平面图	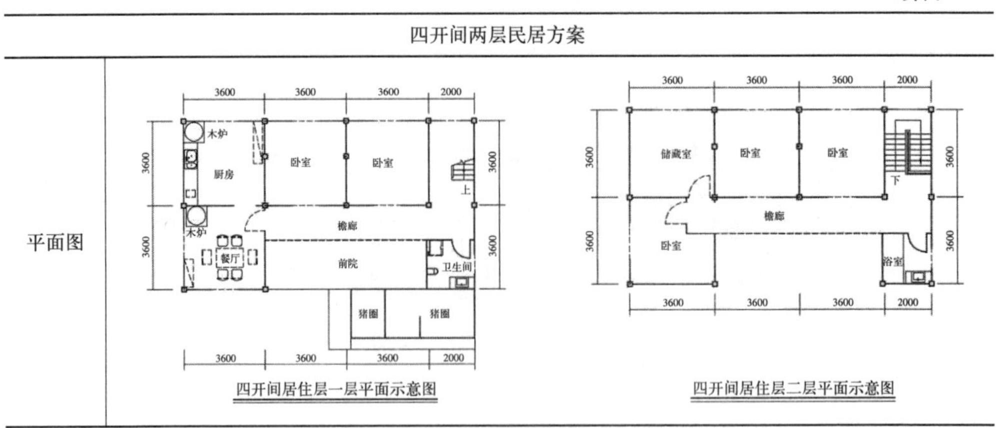

5.4.4 贡山县丙中洛坝子区怒族新民居设计方案

1. 方案适用的场地、气候条件

方案建设地点为本书调研的贡山县丙中洛坝子区，气候、地势条件见 2.1.4。怒江从西藏奔腾而至，在这里绕了一个大弯，形成一小块平坝，也是怒江大峡谷在怒江州内最大的一块平坝，是怒江峡谷最著名的风景游览区，被誉为国家级风景名胜区。由于这里原始的经济基础薄弱，旅游产业稍有起色之后，迅速成为乡里重要的发展动力，并带动了民居的快速更新。

2. 丙中洛怒族民居方案介绍

（1）设计的影响因素及其对应的空间模式（表 5-8）

贡山丙中洛坝子区怒族民居设计的影响因素及其对应的空间模式　　表 5-8

影响因素	设计空间模式
a. 旅游人口的冲击	可拓展的空间模式
	满足旅游带来的游客住宿问题
b. 生活、生产需要	b1“厨房＋劳作区”布局模式
	厨房外设置土灶，作为煮猪食作业区，形成灰空间
	b2“餐厅＋客厅”布局模式
	该模式与厨房具有良好的通达性，同时提高了客厅的使用效率。其中，餐厅围合区域，设置带有烟囱的铁炉，代替传统的火塘，尊重了当地民族的生活习惯，也改善了房屋的空气质量及卫生程度
c．废弃物处理	厨、卫、猪圈集中布置
	便于集中处理生活污水和人畜排泄物；将之集中到沼气池，可以提供部分生活用能

（2）民族风情与地域特色

建筑形式：地势缓和，场地类型基本分为平整场地、切割的台地两种类型。建筑形式分别采用直接落地式、跌落式。跌落的空间，用来蓄养牛、猪等家畜。平地式住宅有院落围合。屋面为悬山两坡顶。

建筑色彩：方案中外围护墙体采用空心砖砌筑，外涂白色涂料，并在墙裙及顶棚之下施以带状的彩色图案。中间的客厅、餐厅围护墙体外固定木楞作为保温材料，与传统民居取得呼应。屋面为棕色方形水泥瓦覆盖。

（3）基于气候、环境的绿色建筑设计

自然通风、采光：平面设计力求简洁、整齐，房屋前后均设置窗户，形成穿堂风。

保温、除湿

保温的措施有：①窗户采用密封双层玻璃窗；②主要使用的房间客厅、卧室的建筑外墙采用空心砖 + 外保温的形式，保温材料为当地木楞；③由于当地为贡山地区罕有的坝子区，地势开阔，阳光照射相对充足，因此，将走廊设计成带有开启窗扇的阳光间，用于冬季保温；④房间设置吊顶，吊顶内用于储存粮食。

除湿的措施：①穿堂风的形成；②房间中部顶棚上开设上人孔洞，与山墙处的竹编窗棚形成自下而上的气流通道，排除屋内湿气。

（4）结构选型及建筑材料

结构选型：方案采用钢筋混凝土框架结构。长远地看，建议采用预制装配式结构，参见 4.3.2。

建筑材料：端头处的客厅外墙采用炉渣空心砖 + 木楞外保温，其余房间采用空心砖砌筑刷白。屋面采用当地石片覆盖。

3. 方案示意图（表 5-9）

贡山丙中洛坝子区怒族民居方案示意图　　表 5-9

丙中洛坝子区怒族民居方案一

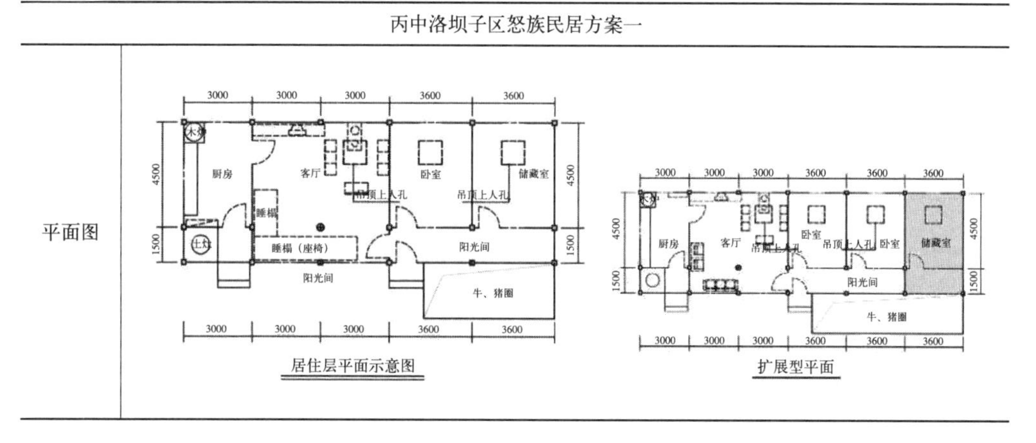

续表

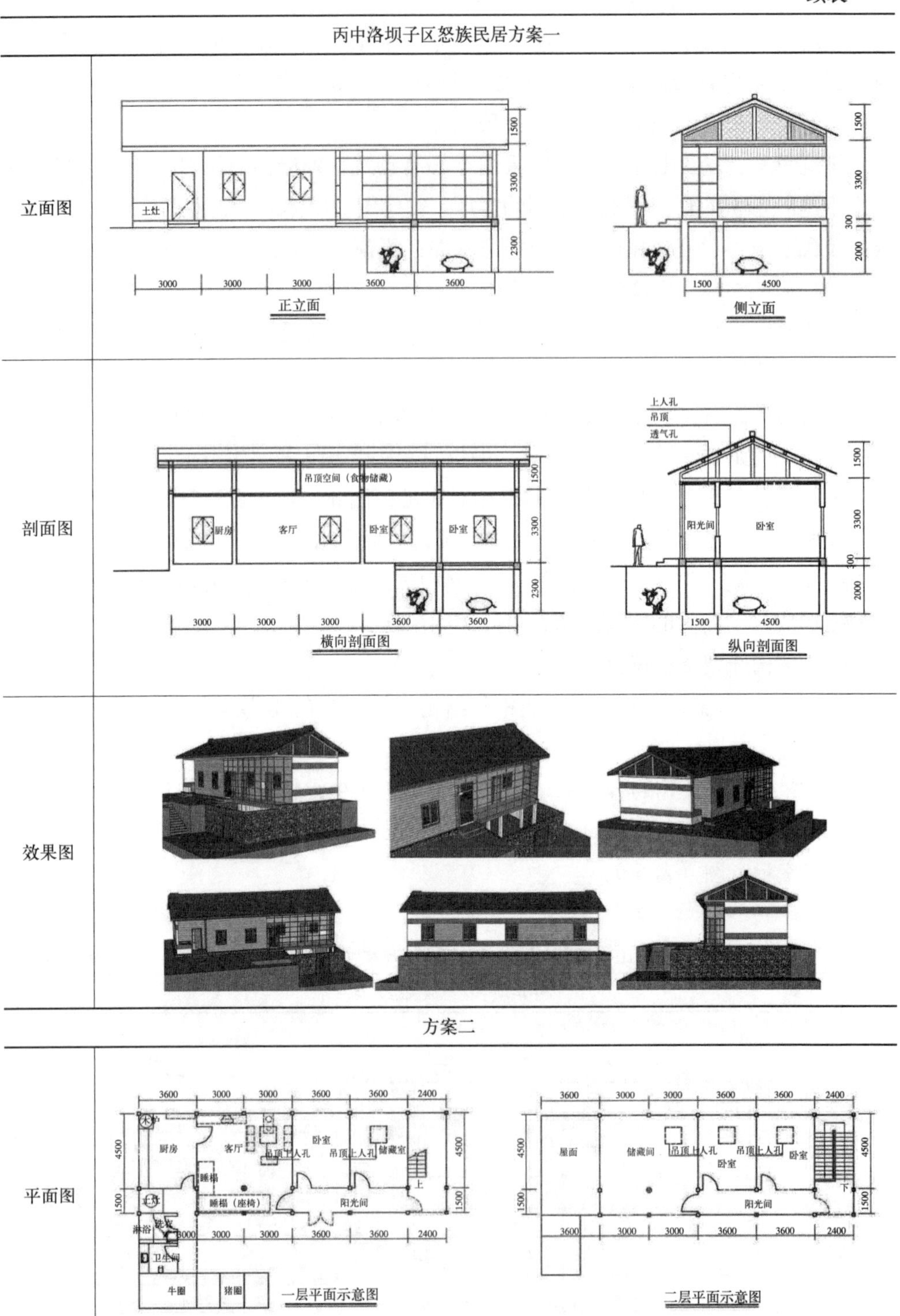
丙中洛坝子区怒族民居方案一
立面图
土灶
3000
3000
3000
3600
3600
1500
3300
2300
正立面
1500
4500
300
2000
侧立面
剖面图
吊顶空间（食物储藏）
厨房
客厅
卧室
卧室
横向剖面图
上人孔
吊顶
透气孔
阳光间
卧室
纵向剖面图
效果图
方案二
平面图
厨房
客厅
卧室
吊顶上人孔
储藏室
睡榻
睡榻（座椅）
阳光间
土灶
淋浴
洗衣
卫生间
牛圈
猪圈
上
一层平面示意图
屋面
储藏间
吊顶上人孔
卧室
阳光间
下
二层平面示意图

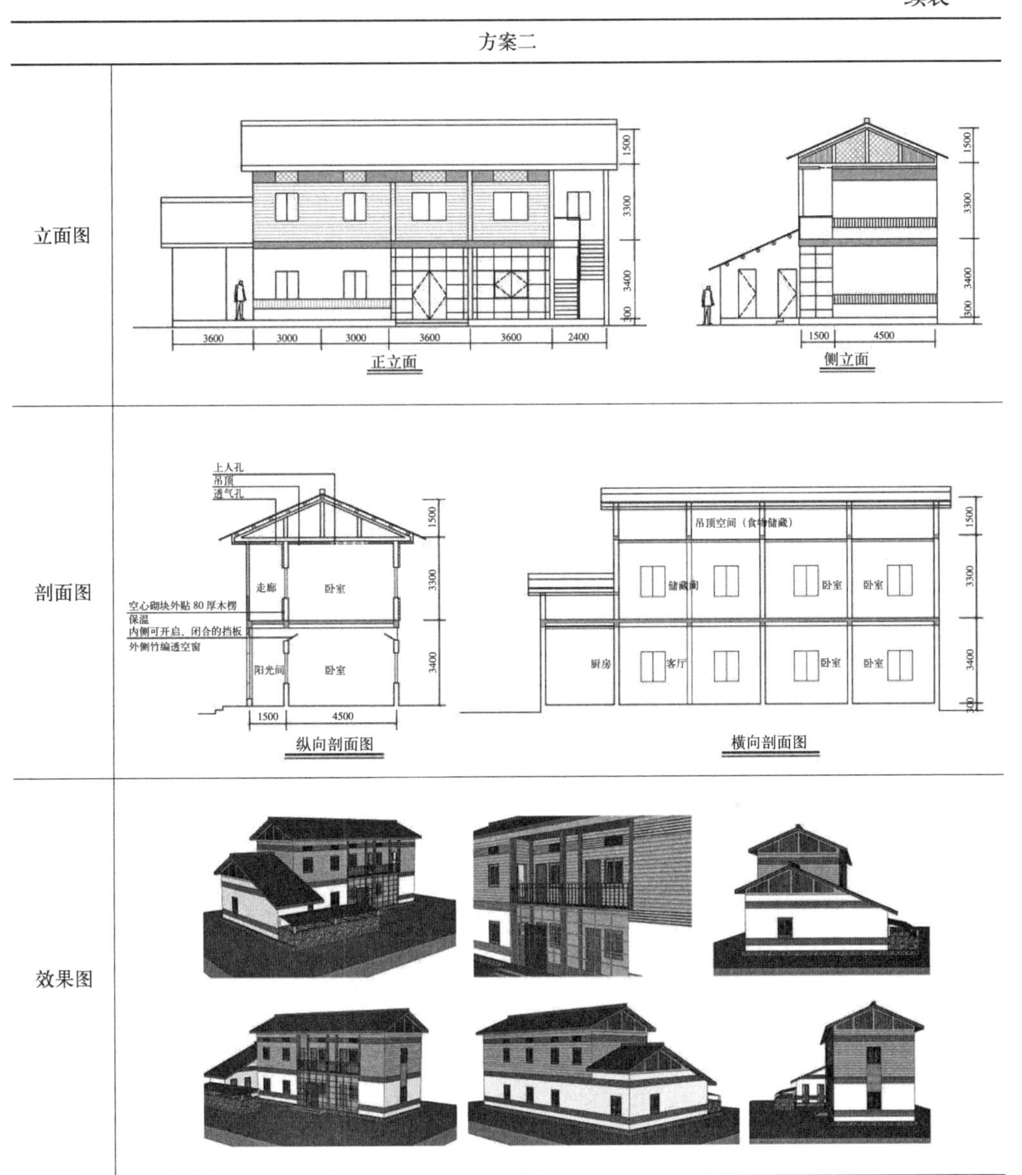

5.4.5　贡山县丙中洛高海拔山区独龙族新民居设计方案

1. 方案适用的场地、气候条件

贡山县高海拔山区的气候、地势条件见 2.1.4 小节。方案建设地点为本书调研的贡山县丙中洛乡所管辖的双拉村。这里聚居着小规模的独龙族居民，居住环境几乎与外界隔绝，居住条件恶劣，生活水平低下，是州内重点扶贫的对象。目前，亟待改善村落的交通条件，方便与外界联系。山区林木丰富，木楞房是主要的民居建筑。传统民居空间低矮、没有明确的使用功能划分，可借助新民居的建设，提高生活居住水平。

2. 丙中洛独龙族民居方案介绍

（1）设计的影响因素及其对应的空间模式（表 5-10）

贡山丙中洛半山区独龙族民居设计的影响因素及其对应的空间模式　　表 5-10

影响因素	设计空间模式
a. 生活、生产需要	a1“劳作区”布局模式
	置土灶，紧靠厨房，面积宽敞，坡屋面，无围护墙体。该空间方便加工牲畜饲料，可放置洗衣机，晾晒衣物
	a2“厨房 + 餐厅 + 客厅”布局模式
	该模式体现了怒江山区传统空间的特色，保留了室内中柱的作法，为一多功能复合空间，包括厨房操作区域、就餐围合区域、娱乐休闲区域
b．废弃物处理	厨、卫、猪圈集中布置
	便于集中处理生活污水和人畜排泄物；将之集中到沼气池，可以提供部分生活用能

（2）民族风情与地域特色

建筑形式：地势陡峭，几乎无一处平地。建筑形式采用局部架空的“一字形”以适应山坡台地地形。屋面为悬山两坡顶。

建筑色彩：以白色涂料和木楞墙体形成建筑的主要色调，并在墙裙及山墙顶棚之下绘制代表独龙族的彩色图案。

（3）基于气候、环境的绿色建筑设计

自然通风、采光、除湿：平面设计力求简洁、整齐，房屋前后均设置窗户，形成穿堂风。

保温、除湿：房间设置吊顶，吊顶空间用于存放粮食。吊顶中部开设上人孔洞，与山墙处的窗棚形成自下而上的气流通道，排除屋内湿气。

（4）结构选型及建筑材料

结构选型：方案采用钢筋混凝土平座式框架结构。

建筑材料：多功能空间采用空心砖砌筑，其余房间采用传统的木楞墙。屋面采用当地盛产石片覆盖。

3. 方案示意图（表 5-11）

贡山丙中洛半山区独龙族民居方案示意图　　表 5-11

丙中洛独龙族民居方案

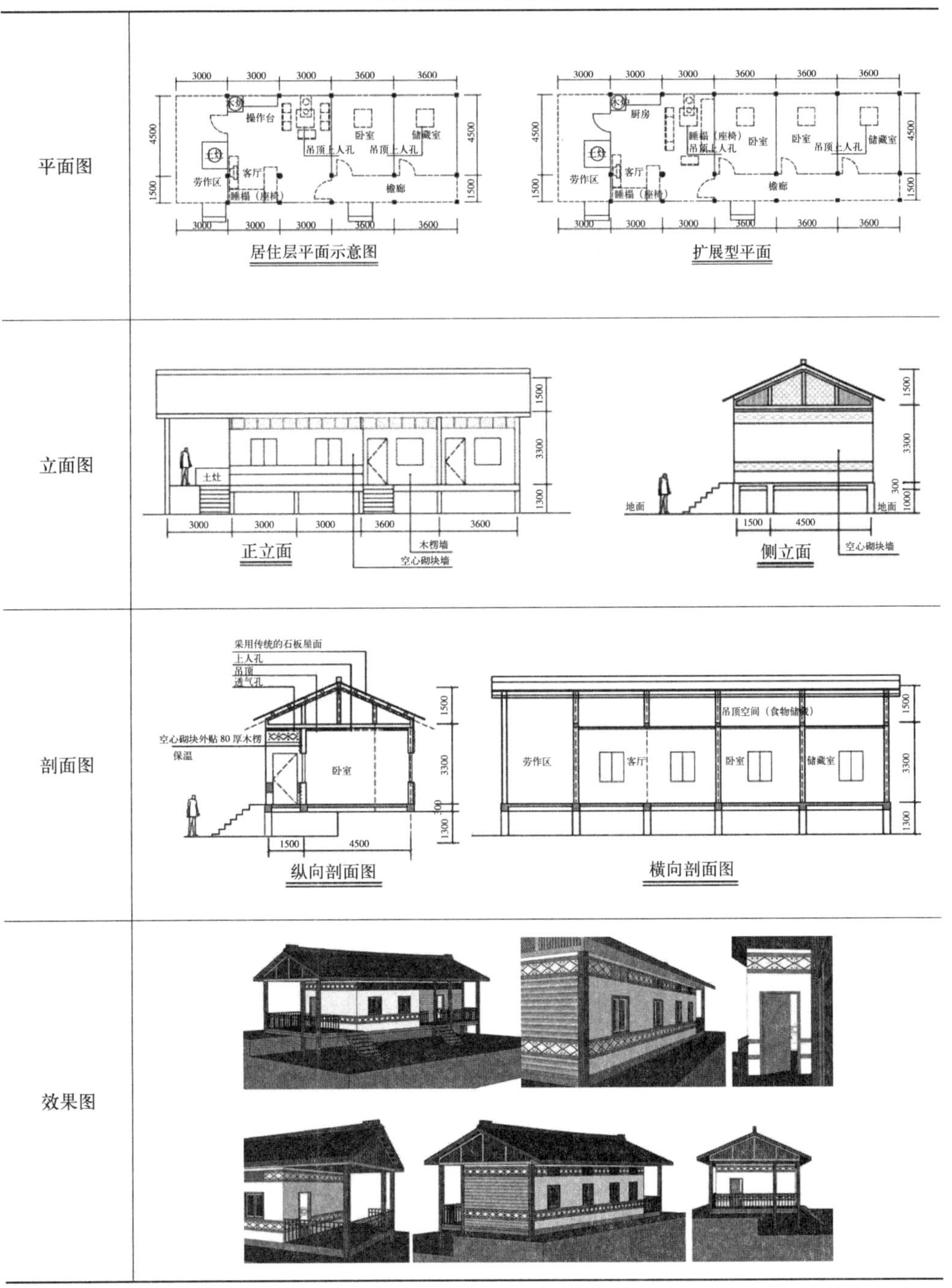

5.4.6 现有建筑的改造方法

1. 结构加固

当前怒江地区部分现有的新民居存在着两个方面的安全隐患：(1) 结构简单，整体性差。这类民居受经济条件的制约，在搭建的过程中省略了构造柱、圈梁等构造措施，有的建筑甚至直接使用空心砌块砌筑，建筑的整体性较差；(2) 部分建筑存在山体滑坡的危险。对于分布在山坡地区的民居，有的建筑仅是靠简单的悬挑砖柱来获得平整的建筑楼面，而底部支撑的基础又未进行任何的加固处理，导致建筑的稳定性较差。由于怒江地区是地震、泥石流等地质灾害的多发区，因此本着可持续发展的原则，在不大拆大建的基础上对现有建筑的结构加固十分必要。具体的改造方法有以下几点：(1) 在原有建筑四周及墙体交界处重新设置圈梁与构造柱，形成框架结构。在二层空间采用当前标准的施工方法进行修建，提高二层空间的安全性。同时，将原有一层建筑空间保留，作为储藏和次要的使用房间。这样，发生地质灾害的时候，在一层活动的人方便脱离险境，而在二层活动的人则可以依托建筑自身的抗震性能来抵御灾害；(2) 对现有支撑结构的加固。可将现有的砖柱支撑的结构替换为钢筋混凝土柱，同时加强混凝土柱在山坡面上的埋深，并将底部进行适当的扩大，增强柱子与山体的连接性。

2. 屋面材料更新与替换

当前怒江地区新建民居屋顶普遍采用的石棉瓦来作为屋面材料。这种材料由于自身强度较低，耐久性较差，在自然环境的腐蚀下，容易破损漏水，因而每隔几年就需要进行更换。同时，由于石棉瓦自身的简易性，在整体上也影响到建筑的美观。因此，在对怒江地区现有民居改造的过程中，可以根据住户自身经济条件好转的情况及原有建筑自身的结构特点，可以采用当地特有的石片或是更为高级的采釉面陶瓦。

3. 局部通风措施的改进

有些新建民居屋面采用石棉瓦，吊顶空间封闭，导致屋顶结构不能及时散热，保温效果也很差。对于这类民居，应加强屋顶部分的隔热与散热能力，通过山墙开设排气口的方式，可以增强房屋内部的空气的流动性；还可采用双层瓦屋面的构造形式，直接阻挡太阳辐射，从而间接提高夏季室内的热舒适性。

参考文献

期刊

[1] 刘凤芹 . 发展低碳经济，促进可持续发展 [J]. 中国资源综合用，2011，29(3):47-49.

[2] 林艺 . 新农村建设与云南乡土建筑文化遗产保护的思考 [J]. 玉溪师范学院学报，2010，26(3):40-42.

[3] 国家环境保护总局 . 怒江水电开发生态影响及建设模式 [J]. 西部论丛，2004，(3):35-36.

[4] 李东，许铁铖 . 空间、制度、文化与历史叙述 - 新人文视野下传统聚落与民居建筑研究 [J]. 建筑师，2005，(6):8-17.

[5] 陆元鼎 . 从传统民居建筑形成的规律探索民居研究的方法 [J]. 建筑师，2005，(6).

[6] 李建华，张兴国 . 从民居到聚落：中国地域建筑文化研究新走向 [J]. 建筑学报，2010，(3):82-84.

[7] 王竹，范理杨，陈宗炎 . 新乡村“生态人居”模式研究——以中国江南地区乡村为例 . 建筑学报 [J]，2011，(4):22-26.

[8] 陆元鼎 . 中国传统民居研究二十年 [J]. 古建园林技术，2003，(4):8-10.

[9] 王叔武 . 云南少数民族源流研究 [J]. 云南民族大学学报 (哲学社会科学版)，1985，(1):30-41.

[10] 蒋高宸 . 广义建筑学视野中的云南民居研究及其系统框架 [J]. 华中建筑 1994，12(2):66-67.

[11] 闫峰，王兆辉 . 投身西南服务团来云南——云南民族民居建筑研究专家王翠兰侧记 [J]. 云南档案，2010，(2):45-49.

[12] 程辛 . 要尊重和保护著作权—《云南民族住屋文化》读后引发的思考 [J]. 新建筑，1999，(1):75-76.

[13] 沈克宁 . 设计中的类型学 [J]. 世界建筑，1991，(2):65-69.

[14] 汪丽君，彭一刚 . 以类型学从事建构——类型学设计方法与建筑形态的构成 [J]. 建筑学报，2001，(8):42-46.

[15] 黄金城 . 西部生土低技民居建筑的再生设计研究——以南疆新型石膏土坯墙结构房屋为例 [J]. 四川建筑科学研究 2010，36(3):298-303.

[16] 汪丽君，舒平 . 当代西方建筑类型学的架构解析 [J]. 建筑报，2005，(8):18-21 .

[17] 董研 . 社会学理论形式的转变与创新 [J]. 前沿，2004，(11):217-219.

[18] 蔡禾，赵巍 . 社会学的实证研究辨析 [J]. 社会学研究，1994，(3):8-12.

[19] 董睿，巩庆鑫 . 民俗社会学与乡土建筑研究 [J]. 东岳论丛，2006，27(4):181-183.

[20] 那玉林 . 试论文化地理学的研究对象与内容 [J]. 阴山学刊，2010，24(4):48-50，58.

[21] 王叔武 . 云南少数民族源流研究 [J]. 云南民族大学学报（哲学社会科学版），1985，1:30-41.
[22] 高志英 . 唐至清代傈僳族、怒族流变历史研究 [J]. 学术探索，2004，8:98-102.
[23] 时佑平 . 怒族、傈僳族是否经历过氏族制 [J]. 民族学研究，1983:10-25.
[24] 云南怒江峡谷民居与森林资源可持续利用 [J]. 福建林业科技，2007，34 (1)：163-177
[25] 蔡家麒 . 试论原始宗教研究 [J]. 民族研究，1996，(2): 53-58.
[26] 张泽洪 . 中国西南的傈僳族及其宗教信仰 [J]. 宗教学研究，2006，(3):118-125.
[27] 陈一 . 傈僳族原始宗教与原始文化 [J]. 中央民族大学学报（哲学社会科学版）,1991,(6):44-49.
[28] 彭兆清 . 怒族的图腾崇拜与图腾神话 [J]. 云南社会主义学院学报，2003，(2):59-61.
[29] 赵鉴新 . 怒族原始宗教习俗见闻 [J]. 华夏地理，1991，(1):50-52.
[30] 张跃，刘娴贤 . 论怒族传统民居的文化意义 [J]. 民族研究，2007，(3):54—64.
[31] 高志英，龚茂莉，宗教认同与民族认同的互动——20 世纪前半期基督教在福贡傈僳族、怒族地区的发展特点研究 [J]. 西南边疆民族研究，2009，(6):184-190.
[32] 高志英 . 宗教认同与区域、民族认同——论 20 世纪藏彝走廊西部边缘基督教的发展与认同变迁 [J]. 中南民族大学学报（人文社会科学版），2010，30(2):30-34.
[33] 郃秀军，罗丞，李树茁，李聪 . 外出务工对贫困脆弱性的影响 [J]. 世界经济文汇，2009，(6):67 ~ 76.
[34] 高志英，熊胜祥 . 藏彝走廊西部边缘多元宗教互动与宗教文化变迁研究 [J]. 云南行政学院学报，2010，(6):157-160.
[35] 杨甫旺 . 少数民族传统文化的两难境地 [J]. 楚雄师范学院学报，2005，20(4):38-41，52.
[36] 徐梅，李朝开，李红武 . 云南少数民族聚居区生态环境变迁与保护 [J]. 云南民族大学学报（哲学社会科学版），2011，28(2):31-36.
[37] 罗为检，刘新平，高昌海 . 云南怒江流域土地资源利用的主要问题及退耕工程探讨 [J]. 云南地理环境研究，2001，14(1):85-91.
[38] 陈南岳 . 我国农村生态贫困研究 [J]. 中国人口.资源与环境，2003，13(4):42-45.
[39] 付保红，杨品红，李益敏 . 怒江州农村特困人口现状及工程移民扶贫研究 [J]. 热带地理，2007，27(5):451-454，471.
[40] 冯芸，陈幼芳 . 云南怒江傈僳族自治州实施异地开发与生态移民的障碍分析及对策研究 [J]. 经济问题探索，2009，(3):68-73.
[41] 郭凌 . 乡村旅游发展与乡土文化自觉 [J]. 贵州民族研究，2008，28(119):44-50.
[42] 王海英，胡松涛 . 对 PMV 热舒适模型适用性的分析 [J]. 建筑科学，2009，25(6):108-114.
[43] 郝亚明 . 少数民族文化与中华民族共有精神家园建设 [J]. 广西民族研究，2009，(1):1-5.
[44] 卢峰，张晓峰 . 当代中国建筑创作的地域性研究 [J]. 城市建筑，2007，(6):13-14.
[45] 胡海洪，柏文峰 . 探索传统民居合理的更新途径 [J]. 建筑科学 2006，22(6A)：61-64.

[46] 惠逸帆 . 西蒙 · 华勒兹的现代竹构实践 [J]. 住区，2009，(6): 78-83.

[47] 柏文峰，曾志海，吕珏 . 振兴傣族竹楼的技术策略 [J]. 云南林业，2009，30(5):36-37.

[48] 李川南，韩明春 . 怒江州贫困人口特征及扶贫方式选择 [J]. 创造，2000，(4):30-31.

[49] 高志英 . 傈僳族的跨界迁徙与生计方式变迁 [J]. 中国农业大学学报 (社会科学版)，2010，27(3):124-131.

[50] 孙倩 . 浅析装饰符号语言在东北俄式老居住区改造中的应用 [J]. 艺术与设计，2011，(4):112-114.

[51] 李婧 . 基于文脉的商业空间形态设计——浅析西安西大街的形态演进及新一轮改造 [J]. 中外建筑，2009，(11):83-86.

[52] 隋岩 . 从能指与所指关系的演变解析符号的社会化 [J]. 现代传播，2009，(6):21-23.

[53] 崔之进 . 解读中国独龙族纹面图案之谜 [J]. 艺术评论，2007，(8):64-65.

[54] Shengxian Wei, Ming Li,Wenxian Lin, et al. Parametric studies and evaluations of indoor thermal environment in wet season using a field survey and *PMV-PPD* method[J]. Energy and Buildings, 2010, 42(6):799 ~ 806.

[55] J.F. Nicol, S. Roaf, Pioneering new indoor temperature standards: the Pakistan project[J]. Energy in Buildings, 1996,23 (3):169–174.

[56] Vural N, Vural S, Engin N, Su¨ merkan MR. Eastern Black Sea Region – a sample of modular design in the vernacular architecture[J]. Building and Environment 2007, 42(7):2746–61.

[57] Helena C. Bioclimatism in vernacular architecture. Renewable and Sustainable Energy Reviews [J] . 1998, 2(1-2):67–87.

[58] Singh MK, Mahapatra S, Atreya SK. Bioclimatism and Vernacular Architecture of North-East India[J]. Build Environ,2009, 44(5):878–888.

[59] R. de Dear, A. Auliciem, A field study of occupant comfort and office environments in hot-humid climate[J]. Final report ASHRAE RP-702, 1993.

[60] R.J. de Dear, G.S. Brager, Towards an adaptive model of thermal comfort and preference[J]. ASHRAE Transactions ,1998, 104 (1).

[61] G.S. Brager, R.J. de Dear, Developing an adaptive model of thermal comfort and adaptation[J]. in: ASHRAE Technical Data Bulletin, vol. 14, No. 1, ASHRAE, Atlanta, USA, 1998.

[62] Bouden C, Ghrab N. An adaptive thermal comfort model for the Tunisian context: a field study results. Energy Build[J].2005, 37(9):952–963.

[63] Singh MK, Mahapatra S, Atreya SK.Thermal performance study and evaluation of comfort temperatures in Vernacular buildings of North-East India[J]. Build Environ 2010, 45(2):320–329.

[64] Zhang Dongxu, Liu Daping, Xiao Meng, Chen Lei. Research on the localization strategy of green

building. Advanced Materials Research[J].2011,255-260 1394-1398.

[65] Ming, Li .Discuss on China's green building materials development. Key Engineering Materials[J]. 2011, 460-46:593-598.

[66] Mao Da, Zhou Kai, Zheng Shu Jing, Liu Ya Dong, Liu Yan Pu. Research on evaluation system of green building in China[J].Advanced Materials Research, 2011, 224 :159-163.

[67] Anderson. John E,Silman. Robert .The role of the structural engineer in green building. Structural Engineer[J].2009, 87(3): 28-31.

专著

[1] 邓庆坦，邓庆尧 . 当代建筑思潮与流派 [M]. 武汉 : 华中科技大学出版社，2010.

[2] 林宪德 . 绿色建筑 [M]. 北京 : 中国建筑工业出版社，2007.

[3] 林超民 . 滇云文化 [M]. 呼和浩特 : 内蒙古教育出版社，1996.

[4] 王翠兰，陈谋德 . 云南民居续编 [M]. 北京 : 中国建筑工业出版社，1993.

[5] 张正军 . 文化寻根——日本学者之云南少数民族文化研究 [M]. 上海 : 上海交通大学出版社，2009.

[6] 刘先觉 . 现代建筑理论 [M]. 北京 : 中国建筑工业出版社，1999.

[7] 陈晓扬，仲德崑 . 地方性建筑与适应技术 [M]. 北京 : 中国建筑工业出版社，2007.

[8] （英）迈克.克朗 . 文化地理学 [M]. 杨淑华 ，宋慧敏译 . 南京 : 南京大学出版社，2003.

[9] 单军 . 建筑与城市的地区性 : 一种人居环境理念的地区建筑学研究 [M]. 北京 : 中国建筑工业出版社，2010.

[10] 尹绍亭 . 云南山地民族文化生态的变迁 [M]. 昆明 : 云南出版集团公司，云南教育出版社，2009.

[11] 高志英 . 独龙族社会文化观念嬗变研究 [M]. 昆明 : 云南人民出版社，云南出版集团公司，2009.

[12] 云南省编辑委员会 . 怒族社会历史调查 [M]. 北京 : 民族出版社，2009.

[13] 云南省民族事务委员会 . 怒族文化大观 [M]. 昆明 : 云南民族出版社，1999.

[14] 蔡家麒 . 藏彝走廊中的独龙族社会历史考察 [M]. 北京 : 民族出版社，2008.

[15] 《民族问题五种丛书》云南省编辑委员会 . 怒族社会历史调查 [M]. 昆明 : 云南人民出版社，1981.

[16] 《民族问题五种丛书》云南省编辑委员会等 . 独龙族社会历史调查 [M]. 北京 : 民族出版社，2009.

[17] 蒋高晨 . 云南民族住屋文化 [M]. 昆明 : 云南大学出版社，1995.

[18] 杨大禹 . 云南少数民族住屋 [M]. 天津 : 天津大学出版社，1997.

[19] 吴金福，李先绪，木春荣 . 怒江中游的傈僳族 [M]. 昆明 : 云南民族出版社，2001.

[20] 杨大禹，朱良文 . 云南民居 [M]. 北京 : 中国建筑工业出版社，2009.

[21] 贡山独龙族、怒族自治县志编纂委员会 . 贡山独龙族怒族自治县志 [M]. 北京 : 民族出版社，2006.

[22] 王育林 . 地域性建筑 [M]. 天津 : 天津大学出版社，2008.

[23] 毛刚 . 生态视野・西南高海拔山区聚落与建筑 [M]. 南京 : 东南大学出版社，2003.

[24] 杨大禹，朱良文 . 云南民居 [M]. 北京 : 中国建筑工业出版社，2009.

[25] 卢济威，王海松 . 山地建筑设计 [M]. 北京 : 中国建筑工业出版社，2001.

[26] 中共云南省委政策研究室 . 云南地州市县情 [M]. 北京：光明日报出版社，2001.

[27] 陈飞 . 建筑风环境 [M]. 北京 : 中国建筑工业出版社，2009.

[28] Fanger PO. Thermal Comfort[M]. Florida Malabar: Robert E. Krieger Publishing Company，FL，1982.

[29] 高建岭，王晓纯，李英海等 . 生态建筑节能技术及案例分析 [M]. 北京 : 中国电力出版社，2007.

[30] 骆中钊，王学军，周彦 . 新农村住宅设计与营造 [M]. 北京 : 中国林业出版社，2008.

[31] [英] 布赖恩・爱德华兹 . 可持续性建筑 [M]. 北京 : 中国建筑工业出版社，2003.

[32] 冯淑华 . 传统村落文化生态空间演化论 [M]. 北京 : 科学出版社，2011.

学位论文

[1] 朱毅清 . 怒江州经济发展与环境保护研究 [D]. 北京 : 中央民族大学，2004.

[2] 李建斌 . 传统民居生态经验及应用研究 [D]. 天津 : 天津大学，2008.

[3] 柏文峰 . 云南民居结构更新与天然建材可持续利用 [D]. 北京 : 清华大学，2009.

[4] 李志雄 . 怒江流域开发与环境保护的关系 [D]. 昆明：昆明理工大学，2004.

[5] 欧阳国元 . 主体主动主导—云南地区村落迁移建设研究 [D]. 昆明：昆明理工大学，2007.

报刊

[1] 怒江水电开发规划简介 [N]. 云南日报 .2003-10-19.

后 记

本书以云南省多民族混居区民居为研究对象，并选择怒江中上游（高山峡谷区）为典型案例进行研究。怒江流域的民居发展具有广阔的空间以及多种出路。这是由特殊的生态环境、潜在的旅游资源及文化产业决定的。然而，现实情况却不尽如人意。当前怒江流域传统民居与新建民居并存，一方面传统民居被专家们誉为“建筑历史的活化石”，居者却在努力挣脱传统的羁绊；另一方面新建民居，同样面临不安全、不舒适、缺乏地域特色等种种问题，因此，该地区的民居同时面临着机遇与挑战。

传统的少数民族民居的研究思路多是从文化视角寻求问题，以求研究有所突破。然而本书研究区域内的多民族之间的文化现象比较模糊，反倒是逆境下的生存环境对多种建筑类型起了决定作用。因此本书以技术视角探讨民居的地域性。

本书首先解析了传统民居存在的社会文化背景，囊括了人类较早期的社会文化（长期发展缓慢，几乎停滞不前）、封建时代的外族压迫以及近代外国宗教文化。经研究发现，文化因素（风俗、宗教信仰等）起到了加强社会整合的功能，在居住建筑方面体现为不同类型的建筑的主要使用空间或重要生活场所具有同构现象。本书第 2、3 章解析了不同住居环境下的传统民居建筑类型，研究发现同一民族具有不同的民居建筑类型，而不同民族也会拥有相同的建筑类型。验证了第 1 章提出的混居区各民族文化在建筑类型的决定性因素方面的弱化作用。多样的高山峡谷住区微环境决定了种类丰富的民居建筑类型，体现了传统民居良好的环境属性。面对亟待解决的民居更新问题，本书针对多民族民居现象提出“怒江民居”的地域概念。为了保护生态环境及延续弱势民族的传统文化，本书针对“怒江民居”系统总结了可持续性发展的建设策略。最后本书剖析了未来民居发展的理想模式，即自然演变下的民居更新、文化产业带动下的民居更新、易地开发的新民居，并总结了相应的设计原则以及提炼了 16 种传统民居的空间模式、技术模式，并将传统模式进行转化、创新，形成怒江民居新的建筑模式库。在此基础上，结合不同民族在纹饰、纺织、编制等传统行业中所蕴含的文化符号与审美倾向，本书对怒江地区不同住居环境下的民居建筑进行了再设计，分别形成了怒族、傈僳族、独龙族的新民居方案，为当地民居的更新提供了可供参考的范例。

怒江民居的更新、发展符合事物发展的规律，是不可避免的。民居的更新关乎社会经济发展、生态保护、少数民族文化振兴、边疆地区稳定等许多深层次的社会问题。面对怒江生态环境恶化以及潜在的资源富集优势，本书提出了三种民居发展的理想模式，即自然演变、旅游产业带动、易地开发建设下的民居更新。因笔者阅历有限、调研范围有限，对这三种动力机制下的民居更新未能展开详尽的案例描述；也未能对动力机制下促进民居更新的具体运作过程以及怒江流域经济振兴与民居更新的相关规律进行探索。期望今后随着实践经验的丰富，有待于进一步深化、完善。

此外，本书最后对不同民居提出了相应的建筑设计方案。这些方案更多考虑的是地域文化与民族文化传承、使用功能改善、节能措施应用、环境保护等方面的因素。由于笔者能力的局限性，本书未能对建筑方案进行室内热环境及人体舒适性的模拟与验证，有待于今后弥补。

从营建可持续人居环境建设的高度，研究的领域还可拓展到聚落的空间演变方面。由于怒江地区的文化、生态资源的巨大潜力，以及发展经济与保护生态环境这一基本政策的继续落实，可以预见移民新村、旅游新村、自然演变更新的村落，将会成为这一地区主要的乡村聚落形式。聚落发展不约而同地面临着人地关系紧张的矛盾，即可建设用地及人均耕地均不能满足发展需求。从怒江峡谷长远的发展规划来看，研究产业结构与聚落空间结构的关系、聚落的规模与自然生态保护的关系、聚落选址、规划与防灾的关系、新型聚落与经济增长机制等，能够使乡村聚落逐渐摆脱单一产业结构（传统种植业），解决人地矛盾，并且早日实现城乡一体化的战略目标。通过对建筑单体——聚落——运行机制的系统研究，有助于建立基于西部地区的、可持续的乡村人居环境理论体系，推动我国西部乡村地区沿着地域化、节能、低碳的方式更新发展。